Kafeishi Rumen Jiaocheng

主 编 陈疆雷 胡桦鑫

咖啡师 入门教程

浙江工商大学出版社 | 杭州
ZHEJIANG GONGSHANG UNIVERSITY PRESS

U0192962

图书在版编目（CIP）数据

　　咖啡师入门教程 / 陈疆雷，胡桦鑫主编. —杭州：
浙江工商大学出版社，2022.10
　　ISBN 978-7-5178-5012-0

　　Ⅰ.①咖… Ⅱ.①陈… ②胡… Ⅲ.①咖啡—配制—
中等专业学校—教材 Ⅳ.①TS273.4

　　中国版本图书馆CIP数据核字（2022）第107111号

咖啡师入门教程
KAFEISHI RUMEN JIAOCHENG
陈疆雷　胡桦鑫 主编

责任编辑	厉　勇
责任校对	韩新严
封面设计	浙信文化传播有限公司
责任印制	包建辉
出版发行	浙江工商大学出版社
	（杭州市教工路198号　邮政编码310012）
	（E-mail：zjgsupress@163.com）
	（网址：http://www.zjgsupress.com）
	电话：0571-88904980，88831806（传真）
排　　版	冰橘工作室
印　　刷	浙江全能工艺美术印刷有限公司
开　　本	889 mm×1194 mm　1/16
印　　张	11.25
字　　数	174千
版 印 次	2022年10月第1版　2022年10月第1次印刷
书　　号	ISBN 978-7-5178-5012-0
定　　价	68.00元

前言

　　咖啡，作为世界流行的三大主要饮品之一，是用经过烘焙的咖啡豆研磨制作出来的饮料。近年来中国咖啡的种植和消费愈来愈为世界所瞩目。人们越来越爱喝咖啡，随着这一有着悠久历史的饮品被广为人知，咖啡正在被越来越多的中国人所接受。

　　咖啡的理论知识和实操渐渐进入中等职业教育的课程。本书旨在强化学生的咖啡基础理论知识，提升学生咖啡制作的技能水平，使学生在进入工作岗位后能提高自身的核心竞争力，能自如地回答出专业问题，能熟练地制作出咖啡饮品，从而展现出良好的职业风采。

　　本书在编写过程中，力求贴近中职学生的实际情况，注重对学生职业核心技能的培养，对教材的框架结构和内容组织进行了创新。

　　在框架结构上，以项目和任务的形式设计教材的结构。全书共分六个项目，每个项目又由若干个任务组成，并在每个任务中设计了本课导入、学习新知、知识链接、反思与评价、课后实践等模块，以增强内容的开放性和学生学习的自主性。

在各个任务内容的组织上，摒弃了以往教材注重知识点堆砌的传统做法，在课程内容中融入了实际场景、典型案例、情景示范等，增强了教材的实用性和学生的活动参与性，实现了教与学的有机结合。

在教材设计和编写过程中，紧紧把握行业发展趋势和职业岗位需求，突出培养学生的咖啡综合能力，注重实践性和应用性。

本书主要作为旅游服务类中职学生的教材，也可作为连锁咖啡店或精品咖啡店及相关从业人员的学习参考书。

项目名称	课程内容	学时
项目一	话说咖啡　走进咖啡世界	4
项目二	一杯完美的意式浓缩咖啡	16
项目三	一杯拿铁的拉花艺术	16
项目四	冲煮与金杯	16
项目五	浅识咖啡豆烘焙	12
项目六	饮品与菜单	8
总计	—	72

本书由陈疆雷、胡桦鑫担任主编，余开颖、闻世、徐菁滢担任副主编，胡聚成担任总审阅。具体分工如下：项目一由叶挺、张丹颖、虞旭磊编写，项目二由陈疆雷、胡桦鑫、任宁编写，项目三由郑晶晶、罗康编写，项目四由徐菁滢、朱洁君编写，项目五由闻世、张宵编写，项目六由余开颖、胡桦鑫、任宁、林雄志编写。同时，在编写过程中，朱洁君参与设计了插图漫画，林雄志、虞旭磊参与了题库的整理工作，夏书云、周伟忠参与了资料的搜集与整理工作。本书参考了咖啡界许多专家的相关文献，得到了宁波地区温特、Mix 等品牌的帮助，在此一并表示感谢！

由于编者的水平和时间有限，书中难免存在不足之处，敬请广大专家和读者批评指正，请将意见反馈至邮箱 johnhhx@sina.com。

编　者

2022 年 3 月

目录

项目一 话说咖啡 走进咖啡世界

任务1：咖啡的起源与发展

任务2：咖啡的种植、栽培、加工和等级

任务1 咖啡的起源与发展

── 本课导入 ──

在历史上，人类发现咖啡是个美妙的意外。经过1000多年的演变，到如今，咖啡已经是许多人生活中不可或缺的饮品。不同的烹调方式，让咖啡呈现出不同的风味，也使我们可以依照自己的喜好来选择一杯想要品尝的咖啡。

请同学们以小组为单位，通过小组讨论、参观访问、网上搜索等方式，总结出一杯好咖啡需要具备哪些要素。

── 学习新知 ──

咖啡的起源与发展

咖啡树原产于非洲埃塞俄比亚西南部的高原地区。据说1000多年前一位牧羊人发现羊吃了一种植物后，变得非常兴奋活泼，进而发现了咖啡。还有说法称因野火偶然烧毁了一片咖啡林，烧烤咖啡的香味引起了周围居民的注意。

当地土著经常把咖啡树的果实磨碎，再把它与动物脂肪掺在一起揉捏，做成许多球状的丸子。这些土著部落的人将这些咖啡丸子当成珍贵的食物，专供那些即将出征的战士享用。直到11世纪左右，人们才开始用水煮咖啡作为饮料。

13世纪时，埃塞俄比亚军队入侵也门，将咖啡带到了阿拉伯地区。因为伊斯兰教教义禁止教徒饮酒，有的宗教界人士认为咖啡饮料刺激神经，违反教义，曾一度禁止咖啡饮料并关闭咖啡店，但埃及、苏丹认为咖啡不违反教义，因而解禁，咖啡饮料迅速在阿拉伯地区流行开来。Coffee（咖啡）这个词，就是来源于阿拉伯语"óggā（Qahwa）"，意思是"植物饮料"，后来传到土耳其，成为欧洲语言中这个词的来源。咖啡树的种植、制作的方法也被阿拉伯人不断地改进，且逐渐完善。

15世纪前，咖啡树的种植和生产一直为阿拉伯人所垄断。当时主要被用在医学和宗教上，医生和伊斯兰教徒承认咖啡具有提神、醒脑、健胃、强身、止血等功效；15世纪初开始有文献记载咖啡的使用方式，并且在此时咖啡融入宗教仪式中，同时也在民间被作为日常饮品。伊斯兰教严禁饮酒，因此咖啡成为当时很重要的社交饮品。

相传1600年时，一些天主教人士认为咖啡是"魔鬼饮料"，怂恿当时的教皇克莱门八世禁止这种饮料，但教皇品尝后认为可以饮用，并且煮熟了咖啡，因此咖啡在欧洲逐步普及。

16世纪末，咖啡以"伊斯兰酒"的名义通过威尼斯商人和海上霸主荷兰人辗转传入欧洲。很快地，这种充满东方神秘色彩、口感馥郁、香气迷魅的黑色饮料受到了贵族士绅阶级的争相追逐，咖啡的身价也跟着水涨船高，甚至产生了"黑色金子"的称号。当时的贵族流行在特殊日子里互送咖啡豆以示尽情狂欢，或是送咖啡豆给久未谋面的亲友，这有财富入袋、祝贺顺遂之意，同时也是身份地位的象征。而"黑色金子"在接下来风起云涌的大航海时代，借由海运的传播，将全世界都纳入了自己的生产和消费版图中。

1683年，土耳其军队围攻维也纳，如图1-1-1所示。失败撤退时，有人在土耳其军队的营房中发现一袋黑色的种子，谁也不知道是什么东西。一个曾在土耳其生活过的波兰人拿走了这袋咖啡，在维也纳开了第一家咖啡店。

1690年，一位荷兰船长航行到也门，得到几株咖啡苗，并在印度尼西亚种植成功。1727年荷属圭亚那的一位外交官的妻子，将几粒咖啡树的种子送给一位在巴西的西班牙人，这

图1-1-1 1683年维也纳战役

位西班牙人在巴西试种咖啡树，取得很好的效果。巴西的气候非常适宜咖啡树生长，从此咖啡在南美洲迅速蔓延。因大量生产而价格下降的咖啡开始成为欧洲人的重要饮料。

咖啡在中国的发展

自 1898 年咖啡树被引进中国海南文昌迈号镇种植以来，经过了 100 多年，咖啡进入了高速发展时期。

2005—2014 年，云南咖啡树的种植面积连续 10 年保持增长态势：从 2005 年的 27.15 万亩快速增至 2014 年的 183.15 万亩。此后受国际市场价格波动及产业结构调整等因素影响，咖啡树的种植面积有所萎缩。据统计，截至 2021 年底，云南咖啡树的种植面积为 139.29 万亩。

2001—2009 年，云南咖啡生豆产量平稳增长；2010—2016 年，云南咖啡豆总产量呈快速增长态势；2016—2021 年，云南咖啡豆总产量受市场价格影响持续下行。据统计，2021 年，云南咖啡生豆产量为 10.87 万吨。

2014 年以来，雀巢、星巴克、咖蜜儿加大了在云南开辟原料产地的力度。云南小粒种咖啡也销往欧洲及美国、日本、韩国等 20 多个国家和地区，但总体上云南的咖啡产业仍停留在起步阶段，产业"突围"不容乐观。

当前，中国咖啡深加工业中缺乏大型综合企业，本土咖啡品牌更是屈指可数，在国内外市场占有率小、市场评价少。中国人喝咖啡的习惯大概是从 20 世纪 90 年代开始的，如今很多都市人群已经对咖啡产生了依赖。虽然我国的咖啡年消费量仅为 20 万吨，但人均消费量却以 30% 的速度在递增，我国有望成为世界上最具潜力的咖啡消费大国。

裂解"牧羊童说"，寻找咖啡教父

——咖啡史演绎

豪饮咖啡风气大开之际，世人对咖啡起源的认知，百年来仍跳不出"牧童卡狄与跳舞羊群"的迷思：6—8世纪，埃塞俄比亚牧羊童卡狄在山麓照料一群山羊。有一天，卡狄发现羊群莫名兴奋，活蹦乱跳，连病羊和老羊也恢复元气，飞奔乱舞起来。他仔细观察，原来是羊儿吃了山坡上不知名植物的红果子。他索性摘了几颗试吃，果子酸甜可口，没多久他倦意全消，身轻体畅。此后，他每天就跟着羊儿吃红果子自娱，与羊群共舞嬉戏。一天，附近清真寺的长老经过山麓，看到卡狄在羊群中手舞足蹈，向前想看个究竟，卡狄告之以红果子神效，长老半信半疑地摘了几颗吞下，顷刻间感觉老骨头似有股真气贯穿，元气倍增。伊斯兰教长老返回寺院，深夜晚祷，瞌睡虫来报到，默罕穆德突然托梦，指示他快以白天所见的红果子煮水来喝，即可回神。红果子的醒脑奇效不胫而走，此后，伊斯兰教徒夜间敬拜前，都会先喝用红果子熬煮的热果汁"咖瓦"[咖瓦（Qahwa）乃咖啡的前身。咖瓦的阿拉伯文为"美酒"之意，后来被借用来称呼咖啡，是个同音异义词]。

牧童卡狄因此被公认为是发现咖啡的鼻祖。此说在欧美强势文化主导下，积非成是，甚至连埃塞俄比亚也未能免俗地采纳了"牧童说"。埃塞俄比亚官方资料还添油加醋，编写完美的续集："那位伊斯兰教长老后来就把咖啡种子种于埃塞俄比亚西北部风光明媚的塔纳湖畔，也就是蓝尼罗河发源地……"令人不禁怀疑该国当局囫囵吞枣地采信"牧童说"，意在借用咖啡传奇增加观光收益。

但卡狄真的是咖啡鼻祖吗？咖啡之父是否另有其人？这些问题值得我们仔细推敲、考证。诚如16世纪阿拉伯咖啡史学家贾吉里的名言："咖啡入口，真理豁然浮现。"21世纪的现代人喝咖啡、聊是非之余，不妨思考一下牧羊童传说之真伪，以免真相蒙尘数百年而不为人知，从而失去喝咖啡、寻真理的美意！

根据阿拉伯史料，咖啡教父另有其人：也门摩卡港守护神夏狄利和也门亚丁港德高望重的法律编审达巴尼，两人都是 14—15 世纪伊斯兰教苏菲教派的重要人物。但牧羊童卡狄却在欧洲强势造神下，成为举世皆知最早发现咖啡的"神童"，夏狄利、达巴尼对咖啡饮料的贡献反而被抹杀了，委实讽刺。

—— 反思与评价 ——

1. 咖啡品种有哪些?
2. 咖啡的发展经历了哪些阶段?

—— 课后实践 ——

活动主题：我是一名咖啡初学者。
请同学们寻找不同的咖啡树图片，说说各种咖啡、咖啡树的不同之处。

任务 2　咖啡的种植、栽培、加工和等级

—— 本课导入 ——

　　上文提到咖啡树原产于非洲埃塞俄比亚西南部的高原地区。据说 1000 多年前一位牧羊人发现羊吃了一种植物后，变得非常兴奋活泼，进而发现了咖啡。还有说法称因野火偶然烧毁了一片咖啡林，烧烤咖啡的香味引起了周围居民的注意。实际上，咖啡树、咖啡果实、咖啡生豆、咖啡原豆、咖啡粉、咖啡液体，这些都可以叫"咖啡"，但是每一个部分又都无法称为完整的咖啡。只有经过从咖啡树到咖啡液体的全过程，才能得到一杯常见的咖啡。那么，就让我们循着各个环节，了解一下咖啡是怎样从咖啡树变成液体的吧。

—— 学习新知 ——

咖啡树的种植

　　18 世纪中叶，咖啡馆遍布欧洲各大城市，庞大的咖啡需求量带动南美洲栽种咖啡树热潮。目前中美洲的铁比卡咖啡树多半与狄克鲁移植的"咖啡母树"有亲戚关系。1777 年，光是马丁尼克岛就种了 1900 万株咖啡树。加勒比海地区的海地、波多黎各和古巴也跟着抢种咖啡树。中南美洲的危地马拉 1750 年开始种咖啡树，哥伦比亚（1732 年）、哥斯达黎加（1779 年）、委内瑞拉（1784 年）、墨西哥（1790 年）也争相引进咖啡树。可以这么说，如果 1714 年阿姆斯特丹市长克制了好大喜功的冲动，未赠送法国国王路易十四一株爪哇咖啡树苗，就不会有狄克鲁移植"咖啡母树"的传奇，中南美洲的咖啡树栽种史

恐怕也要改写了。

狄克鲁潜入皇家植物园盗取咖啡树苗系违法行为，但他带动了法国殖民地种咖啡树的热潮，为法国赚进大笔外汇，贡献良多。法国国王路易十五不但赦免他的盗窃罪，还指派他出任西印度群岛属地瓜达卢佩的总督，任期为1737—1759年，他的大名也被编入法国杰出海军军官名册，他逝世于1774年。法国史上因为偷窃行为歪打正着，而成就一番有利于全人类的事业者，狄克鲁是第一人。咖啡历史学家兼作家乌克斯对这段历史拍案叫绝："法国军官狄克鲁誓死移植'咖啡母树'的传奇，堪称人类咖啡树栽培史最浪漫的一章。"狄克鲁的后人近年也在法国北部度假胜地狄耶普筹建狄克鲁博物馆，以纪念他的传奇故事。

世界上的咖啡树共有4种，即阿拉比卡种、罗布斯塔种、利比里亚种、埃塞尔萨种，真正具有商业价值而且被大量栽种的只有前两种。咖啡树生长在以赤道为中心，南北纬30°之间，被称为"咖啡带"的热带或亚热带区域的各国农场中。目前咖啡的生产国有60多个，分布于南美、中美、西印度群岛、亚洲、非洲、南太平洋及大洋洲等地区。

不同品种的咖啡豆有不同的味道，但即使是相同品种的咖啡树，由于不同土壤、不同气候等的影响，生长出的咖啡豆也各有其独特风味。

咖啡的栽培

咖啡属下目前共有129个咖啡原生种，自然分布于非洲、印度洋岛屿直至热带亚洲地区，其中50多个原产于马达加斯加。据说20世纪50年代，我国专家在筹建的海南咖啡园里观察到不同的咖啡树彼此间外观差异明显，便做了"中国式命名"，即小粒种咖啡、中粒种咖啡和大粒种咖啡，分别对应阿拉比卡种咖啡、罗布斯塔种咖啡和利比里亚种咖啡。我国云南种植的咖啡树，不管是作为绝对主力的卡蒂姆系列，还是残余不多的铁比卡老品种，抑或是近年来引种的波旁、瑰夏等，都属于阿拉比卡种咖啡范畴。

咖啡树的四大原生种中，阿拉比卡种咖啡树名气最大、种植最多、产量最大、风味最好，也最受今人所喜欢。1753年，它由瑞典植物学家确定为咖啡原生种，现已被人们广泛认可为高档咖啡的代名词。阿拉比卡种咖啡植株通常不高，有略显修长的绿色叶子、较小的椭圆形果实，又称作小粒种咖啡。阿拉比卡种咖啡拥有较低的咖啡因含量、出众的风味、迷人的香气和明显的果酸，其缺点是生命力较弱，抵御病虫害能力不强，种植管理成本也较高。由于具有巨大的商业价值，其种植面积最广。在海拔 800 m 以上的高地，阿拉比卡种咖啡树生长得最好，这种咖啡的风味比其他咖啡要精致得多，咖啡因的含量只占咖啡全部重量的 1%。其在全球咖啡产量中占比为 80%—85%。

罗布斯塔种咖啡喜欢生长在低海拔地区，对于炎热和潮湿的接受度都优于阿拉比卡种咖啡，拥有生命力更强、单株产量高、抗病虫害能力好、种植管理成本低、浸出率高、体脂感厚实、油脂丰厚等优点，无奈在风味、酸质和香气上却略逊一筹，苦味较重，杂味较多，其在全球咖啡产量中占比为 15%—20%。由于罗布斯塔种咖啡不论是浸出物总量（萃取出的咖啡液容量）还是咖啡因含量，都远超阿拉比卡种咖啡，所以被大量用于生产制作速溶咖啡和罐装咖啡。

也有不少咖啡商人会将阿拉比卡种与少量的罗布斯塔种咖啡豆相混合，这样拼配出来的咖啡豆拥有更加明显的层次感。事实上，现在有不少咖啡种植者都在尝试将两种咖啡进行杂交，以获得风味更好、产量更高和抗病虫害能力更强的品种。

图 1-2-1 未成熟的绿色咖啡果

利比里亚种咖啡果实个头较大，生豆体型也较大，头稍尖，状似小船，非常好认，如图 1-2-1 所示。我国仅在海南省文昌迈号镇有少量种植，该地区最早于 1898 年从国外引种，种植至今，仍然保留着纯正利比里亚品种。该品种有较强的焦糖风味，甜感强烈，且有较明显的菠萝蜜干风味。由于产量低、浓度高，难以商业化，市场上几乎看不到其产品。其在全球咖啡产量中占比为 1%—2%。

埃塞尔萨德豆种的形状和利比利亚相似，都是泪珠状的豆粒，虽小，但味道很浓，咖啡因含量很低。

咖啡的加工处理

咖啡果实成熟后会变成红色，如图 1-2-2 所示。成熟的咖啡果实要尽快采摘，否则就会因熟得太过而腐烂。采摘咖啡果实一般有手工采摘和机器采摘两种方式：手工采摘多用于高品质的阿拉比卡种咖啡，或者劳动力比较充足的国家和地区；机器采摘多用于罗布斯塔种或低品质的阿拉比卡种咖啡，适合在地形平坦的大型农场里作业。

图1-2-2　成熟的红色咖啡果实

将采摘下来的咖啡鲜果制成咖啡生豆的进程，叫采收后加工处理（Post-harvest Coffee Processing），简称"处理"。这是一个承上启下的重要环节，对于咖啡的品质意义巨大，也是现如今精品咖啡产业价值链上最受关注的领域之一。在这个领域，各种新技术、新思

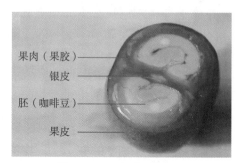

图1-2-3　咖啡果解剖图

路和新策略层出不穷，叫人目不暇接。咖啡果解剖，如图1-2-3所示。

咖啡鲜果的处理方法分为干法（Dry Processing）和湿法（Wet Processing）两种。在实际操作中，干法处理最直接的目的是获得干果；湿法处理则是为了获得带壳豆，又叫羊皮纸咖啡豆（Parchment Coffee Bean），再加上存放的产地仓库中温湿度适宜，能够最大限度地保护咖啡生豆含水量，延长储存时间，待出货之前再做脱壳处理。

干法处理

干法处理多是日晒法（Sun-Dry），又称作自然干燥法（Natural/Natural Dry），这是最为古老且自然环保的咖啡处理方法，最早多应用于东非等水电设施不良的咖啡产区。人们把采收下来的咖啡浆果均匀摊撒在地上，靠阳光将果肉的水分晒干，然后通过工具剥除已晒成果干的外果皮，取得生豆。

用传统日晒法取得的生豆因含水量不均，外观颜色较斑驳，卖相不好，容易给咖啡带来泥土、腐败、过度发酵、浑浊等负面风味，早年被视为成本低廉、品质低劣的咖啡处理方法。近年此处理方法由于有长时间高温高浓度的发酵作

用，能产生极具辨识度的风味，因此翻身成为精品咖啡圈的宠儿。

湿法处理

湿法处理又叫水洗法（Washed Processing/Fully Washed），始于 18 世纪中期，其出现就是为了有别于当时日晒处理的粗犷风格，以期通过高效率、批量化、稳定化生产，获得香气和风味更精致、酸质更明媚靓丽、口感更加柔顺、干净度更好的高品质咖啡。

水洗法步骤：洗净收集—浮选—漂洗—去皮—打浆—发酵—脱胶—洗净—干燥—储存。

洗净收集—浮选—漂洗：咖啡浆果在采摘完成之后会被马上送去处理，一般会在 6—12 h 内完成。咖啡浆果先是会被称重、分类，后放入水池中进行浸泡处理，目的是剔除因品质不够好而漂浮起来的果实。

去皮—打浆：咖啡浆果会被送入打浆机进行去皮，这一步骤是为了去除咖啡浆果的表皮和果肉部分。

发酵—脱胶：去除果肉和果皮的咖啡果实会被送到发酵池或者发酵桶中静置发酵 18—36 h，发酵的时间会根据发酵时的温度来确定。发酵过程中酵母产生酶，乳酸菌分解咖啡果胶中的糖分。糖分中的脂类、蛋白质和酸降解并转化为醇酸（Alcohol Acidic Acids）。咖啡的气味、颜色、pH 值发生变化，咖啡的果胶构成也会产生改变。

洗净：发酵—脱胶后的咖啡果在池中会被加入适量的水进行清洗处理，清洗过程中通过搅动去除咖啡豆表面的果胶分解物，清洗过后会剩下咖啡羊皮层、银皮和生豆。

干燥：清洗过后的咖啡豆会被进行分拣以去除有缺陷的咖啡豆。紧接着会被送去干燥场所（防水布、水泥地、高床等）进行干燥处理。干燥处理时间会根据环境气候等因素来确定，一般是 5—14 d。此时咖啡豆的含水率会从 55% 降到 11%。

储存：干燥后的咖啡豆被称为带壳豆——带有羊皮层的咖啡生豆。带壳豆会被送去仓库进行保存，然后在销售前再进行脱壳处理。

半干式加工

半干式加工是将采摘的新鲜咖啡果实直接脱去果肉之后再用水浸泡，将残留在咖啡豆上的果肉去掉，然后清洗晾晒，得到咖啡生豆。此法结合了干湿两种处理方式的优点，味道浓郁丰富，外观上也比干法处理得整齐均匀一些。

无论采用哪种加工方式，得到的咖啡生豆都是带壳的，这层壳是咖啡果实的内果皮。通常带壳的咖啡豆更易于保存和运输，但是使用之前还要经过脱壳处理。

咖啡豆的等级

咖啡生豆处理过程的最后一步是评定等级。就目前来说，咖啡生豆的评级标准主要有 4 种，不同国家根据自己的生产状况和国情采取不一样的评级方式。

按产地海拔分级

高海拔地区出产的咖啡豆一般会比低海拔地区出产的品质高一些，因为海拔高、温度低，咖啡豆生长缓慢，有利于各种成分的积累。成熟度高的生豆在烘焙时膨胀性好，有利于烘焙，品质也更稳定些。目前采用此分级标准的咖啡生产国有危地马拉、墨西哥、洪都拉斯、萨尔瓦多等美洲国家。

按筛网分级

筛网分级方式实际上就是按咖啡生豆的大小来分级，通过打了洞的铁盘筛网挑选豆子的大小从而确定等级。筛网的洞孔大小单位是 1/64 in（不到 0.4 mm），所以几号筛网就表示其孔洞直径是 1/64 in 的几倍，比如 17 号筛网的孔洞直径就是 17/64 in，大约为 6.75 mm。之所以采用这样的分级方式，是因为颗粒大的豆子卖相较佳，相较于小颗粒豆子也更易产生丰富多变的味道。但颗粒大的咖啡豆并不一定比小的品质佳，比如埃塞俄比亚的咖啡豆普遍较为狭长、小巧，但其味道却让人难忘；中国云南的小粒种咖啡，在国际市场上也获得了相当高的评价。肯尼亚是按筛网分级的咖啡生产国之一，其他国家还包括坦桑尼亚、哥伦比亚等。

按瑕疵豆比例分级

瑕疵豆是破坏咖啡风味的重要因素。咖啡专家普遍认为，一颗瑕疵豆足以影响 50 g 的咖啡豆。所以生豆处理的最后一步，就是要通过手工拣选将瑕疵豆去除。按瑕疵豆的比例，辅以筛网大小，也是咖啡豆的一种分级方式。目前采用瑕疵豆比例法为咖啡豆分级的代表国家有牙买加、巴西、埃塞俄比亚等。牙买加是将海拔、筛网、瑕疵豆比例综合起来作为标准，比如"牙买加蓝山 NO.1"是高山产区、海拔 1700 m 以上、18/17 号筛网、最大瑕疵豆比例为 2% 的顶级咖啡豆。其中，瑕疵豆比例为重要的依据。牙买加对瑕疵豆的比例控制得非常严格，各个等级中瑕疵豆的比例最大不超过 4%。具体情况如表 1-2-1 所示。

表 1-2-1　常见的瑕疵豆

种类	相应特征
未熟豆	在成熟前就被采摘下的豆子，有一股酸涩乃至腥臭的怪味
破碎豆	在加工等环节中造成的形状残损的咖啡豆，烘焙时受热不均，且影响美观
虫蛀豆	蛾子等昆虫会在咖啡果成熟之际侵入产卵，豆子表面会留下虫蛀痕迹。虫蛀豆会造成咖啡液浑浊，有时会产生怪味
发霉豆	因为干燥不完全，或是在运输保管过程中受潮而长出青色、白色的霉菌，产生霉臭味
带壳豆	脱壳环节不彻底导致咖啡内果皮残留在咖啡豆上，烘焙时透热性差，会造成咖啡涩味
贝壳豆	豆子从中央线处破裂，内侧像贝壳般翻出，会造成烘焙时受热不均
死豆	非正常结果的豆子。颜色不易因烘焙而改变，故容易分辨出来。风味单薄，会成为异味的来源

按杯评测试分级

巴西在咖啡豆的分级方面比较特殊。作为世界上最大的咖啡豆生产国，巴西咖啡豆产量大、产地多，不适合采用单一的分级标准，所以同时采用多种分级方式，瑕疵豆比例、筛网、杯评测试都运用在巴西咖啡豆的分级过程中，杯评测试更是巴西咖啡豆分级的特点之一。所谓杯评测试就是将咖啡生豆烘焙后研磨成粉，用 90 ℃ 左右的热水浸泡，而后对其进行香气、味道等方面的评价。具体情况如表 1-2-2 所示。

表 1-2-2 巴西咖啡豆的杯评测试分级

味道（中文表述）	味道（英文表述）	具体特征
极温和	Strictly Soft	酸甜均衡，口感温和
温和	Soft	
稍温和	Softish	
艰涩	Hard	里约热内卢附近的土壤带有浓烈碘味，咖啡豆在采收时掉落在地上而吸附了异味，导致口感较差
淡碘味	Rio	
浓烈碘味	Rioy	

—— 知识链接 ——

咖啡豆的保存

咖啡豆与普通食品不同，香味是它的生命。因此咖啡豆保存的关键就是如何最好地保留咖啡豆中的香味成分。

咖啡豆远比咖啡粉更容易保留香味成分。对于家庭而言，也要尽可能地购买咖啡豆而不是咖啡粉。如果不得已只能购买咖啡粉，就要注意购买的咖啡粉不要超过1—2周的使用量。要避免购买在货架上摆放了很长时间的咖啡粉，这样的咖啡粉已经失去很多香味成分了。

正确储存是保持咖啡新鲜度和风味不可或缺的一环。为了使新烘焙的咖啡豆更长久地保鲜，保存时要密封，保持干燥，远离光照。可以把咖啡豆保存在完全密封的玻璃或陶器中，放在阴暗凉爽的地方。

密封储存

开封后的咖啡豆最好及时放进密封的容器中储存，密封罐和带有单向排气阀的密封袋都是不错的选择。就像切开的苹果碰到氧气会变黄，氧气对于咖啡豆的影响还是很大的。

许多咖啡初学者都听说过"养豆"这一说法。烘焙咖啡豆时会产生一定的二氧化碳和气体，烘焙后的咖啡豆会有气体排出。很多人会在冲泡之前让咖啡豆排出二氧化碳，这样冲泡的时候就能更好地展现它的风味。

有人建议，在"养豆"期间可以使用带有单向排气阀的袋子。等到二氧化碳释放完之后，可以将排气阀堵上，或是换成全密封的密封罐，防止风味流失。

避光、避热、避湿储存

我们在咖啡店中经常会看见用透明玻璃罐装着的咖啡豆，这种储存方式其实主要是为了摆放美观，并且咖啡店的咖啡豆消耗速度快，短时间的光照对咖啡豆的影响不大。如果是在家中，咖啡豆最好的储存位置还是以能够避热、避光的地方为佳，这样可以减缓芳香物挥发与氧化的速度，达到延长赏味期限的目的。不要将咖啡豆储存在冰箱里，因为与湿气接触会造成鲜度流失。用更多的单独小包装保存日常用量，将不用的大部分储藏在密封容器里也是一个好办法。

—— 反思与评价 ——

1. 咖啡的三大原生种——阿拉比卡种咖啡、罗布斯塔种咖啡和利比里亚种咖啡各有怎样的优缺点？

2. 比较干法处理和湿法处理两种咖啡浆果加工方式，其各有怎样的优缺点？

—— 课后实践 ——

活动主题：

1. 辨识咖啡生豆。

2. 找出瑕疵豆。

请同学们识别阿拉比卡种、罗布斯塔种和利比里亚种 3 种咖啡生豆；找出瑕疵豆，并辨别其类型。

扫一扫，获得项目一
题目和答案

项目二 一杯完美的意式浓缩

任务1：认识意式浓缩咖啡与意式咖啡机
任务2：意式浓缩咖啡标准制作流程
任务3：影响意式浓缩咖啡味道的因素
任务4：研磨度的调整方式

任务 1 认识意式浓缩咖啡与意式咖啡机

—— 本课导入 ——

意式浓缩咖啡是人们做事豪爽不矫情又快速的代表。高压萃取后，它浓厚的油脂有着强烈的吸引力，带着浓浓的风情，它在 19 世纪风靡一时。它是由一位意大利工程师发明的快速时代的饮料，代表着意大利进入了"快速"的工业时代。

各式各样的咖啡机也随着 19 世纪意大利工业时代的进步而演变得更全面化，口味从热辣滚烫到醇香、浓厚、甘甜，更加肯定了当时咖啡的风靡。

请同学们通过了解意式咖啡的诞生、意式咖啡机的结构等相关知识，用互相探讨的方式来探索学习本任务的内容。

—— 学习新知 ——

意式浓缩咖啡的诞生

顾名思义，它诞生于意大利，由于咖啡的冲泡时间非常短，人们决定用"Espresso"，也就是意大利语中的"Express"一词为它起名。

当时意式咖啡代表的是一杯香醇浓厚的浓缩咖啡 Espresso，在意大利早期的咖啡吧中风靡一时，人们商谈时都会选择来上一杯，现如今被广泛应用到加了牛奶的咖啡中，变成了一个统称咖啡种类的词。

Espresso 在意大利语中是"特别快"的意思，意大利人发明意式咖啡机的时候，并不知道会创造出一种全新的咖啡。他们只是想提高制作咖啡的效率，结果无意中创造出全新的、完全不同的咖啡。

意式咖啡机

咖啡机可分为手动、半自动与全自动的，半自动的比较考验咖啡师的能力，而全自动的通过已设定好的数据萃取出咖啡。专业咖啡师更多的是使用半自动咖啡机，如图 2-1-1 所示。

图 2-1-1　半自动咖啡机

半自动咖啡机内部有锅炉，它是用来加热水的，先引进外部冷水，再进行热交换、循环，热水加压到约 9 Pa 后流经金属滤器内的粉状咖啡豆而冲煮出咖啡。此种用受压热水冲煮出的咖啡较一般的咖啡香浓醇厚，并且油脂丰厚，通常被称为意式咖啡或浓缩咖啡。具体情况如图 2-1-2—图 2-1-8 所示。

图 2-1-2　热水口

图 2-1-3　蒸汽杆

半自动咖啡机的外锅炉负责出热水，适用于制作美式咖啡。外锅炉的热水用来制作制造牛奶奶泡的蒸汽，并不会用来制作浓缩咖啡。

高压萃取头，萃取已填压好的咖啡粉饼，浓稠的意式咖啡由此萃取。沥水盘后方接了水管，可排出废水、废牛奶等液体，不可倒入固体物品，以免堵塞管道。

图 2-1-4 冲煮头（含水网密封圈）

图 2-1-5 沥水盘

图 2-1-6 仪表盘

图 2-1-7 控制按钮

仪表盘中，如图 2-1-6 所示，从左至右：第一个仪表为蒸汽杆的压力仪表，观察此仪表可知此时蒸汽杆里的气压是否适合打奶；第二个仪表为冲煮萃取头仪表，观察此仪表可知萃取咖啡的冲煮头压力是否适合萃取咖啡。

控制按钮中，如图 2-1-7 所示，从左至右：第一个按键是单份咖啡单杯萃取；第二个按键是单份咖啡双杯萃取；第三个按键是双份咖啡单杯萃取；第四个按键是双份咖啡双杯萃取；第五个按键是萃取头长时间出水；第六个按键是放热水。

图 2-1-8 温杯盘

如图 2-1-8 所示，咖啡机顶端放置杯子处是温杯盘，用温杯接取咖啡浓缩液可保证温度的平衡，温杯盘放于顶端是为了方便拿取。

意式浓缩咖啡（Espresso）

意式浓缩咖啡是用研磨的细咖啡粉以高温热水借助高压环境萃取出一小杯有着浓厚香醇油脂的咖啡，如图 2-1-9 所示。相对于其他的制作方法而言，通过这种萃取方式获得的咖啡更加香浓醇厚芳香，可溶解物的萃取值更高，油脂更加浓郁、有光泽。意式浓缩咖啡经常用来做别的饮料的底料，如拿铁、卡布奇诺、玛奇朵、摩卡等。当然，也有人喜欢饮纯意式浓缩咖啡给人带来的爆炸般的感觉。

图 2-1-9　意式浓缩咖啡

Espresso 的 3 个层次

① Cream（油脂）——位于顶部的金黄色的油脂气泡。

② Body（主体）——位于中间部分的焦糖色主体，是气泡与液体的混合物。

③ Heart（核心）——位于底部的棕黑色的苦味部分。

具体情况如图 2-1-10 所示。

喝第一杯油脂层，我们会感到油脂与奶泡混合的口感，不会有液体感，香气、气味都集中在这一层。

图 2-1-10　Espresso 的 3 个层次

第二杯的口感绝对是最丰富、最香甜醇厚的，既有油脂层的泡沫，又融合了刚刚好的液体，它能给我们的是平滑、有黏度、醇厚的口感。

最后一杯的核心就是增加这杯咖啡的厚重感，说白点就是苦味。

具体情况如图 2-1-11 所示。

图 2-1-11　Espresso 的前段、中段、尾段

所以现在市面上出现了只萃取前段的手法，过滤掉最后一段，只保留前2段的美味。但这也会使我们整杯咖啡的液体量减少。

意式咖啡豆

意式拼配咖啡豆是适合高压萃取的豆子，专门用于制作意式浓缩咖啡的多为拼配豆。将不同品种的咖啡豆混合后进行烘焙，达到某种和谐的口感，可根据个人爱好选择不同口味的拼配豆，如图 2-1-12 所示。

图 2-1-12　拼配豆

还有一种意式咖啡豆称为单品豆（SOE），顾名思义，它由单一品种、单一产区的咖啡豆烘焙而成，用单品豆制作出来的咖啡有独特的产地风味，价格较高。

市面上常见的意式咖啡豆都为拼配豆。主要因素如下：

（1）成本低、性价比高。

意大利拼配咖啡豆的出现是因为当时流行浓郁甘苦的意式浓缩咖啡，而单品豆的价格偏高，便选用了拼配豆，然后发现它的风味也很独特，所以流传至今。

（2）豆子之间互补平衡。

咖啡豆受每年种植气候影响，风味落差较大，造成口感不平衡。意式咖啡有一个特点，就是会将咖啡豆的风味特点放大。如果咖啡豆质量较差，则做出的意式浓缩咖啡就不能入口。所以，我们会通过拼配咖啡豆来平衡各种味道。

（3）风味独特。

经过拼配，意式咖啡豆会形成独有的风味，层次感丰富，在风味和口感上互相取长补短，并且能调和出风味绝佳的混合咖啡豆，如图 2-1-13 所示。

图 2-1-13　混合咖啡豆

意式咖啡机的演变历史

1884年，在意大利的都灵，有人成功注册了一项用于制作咖啡的蒸汽动力机器的专利，发明人是安吉洛·莫里翁多。

他曾设想用一个大锅炉，利用压力来萃取咖啡粉，从而快速得到一杯更美味的咖啡。

虽然他发明的这台咖啡机加速发展了当时的咖啡文化，但是萃取出来的味道确实不怎么样，所以当时的意式浓缩咖啡并不像现在的有浓厚油脂以及高质量口感的咖啡，它或许只代表着当时的意大利进入了"快速"的蒸汽时代。

从19世纪晚期到20世纪初，意大利咖啡机也在不断改良，直至今日才有了一杯醇香浓厚的浓缩咖啡。

1901年，在"理由是效率"的意大利，米兰制造商贝泽拉设计的咖啡机"Bezzera"增加了手柄和粉碗。

1903年，贝泽拉因财务困难以一万里拉的价格将专利权转卖给帕沃尼。

1905年，帕沃尼的增强型机器有一个压力释放阀和一个蒸汽棒。这款咖啡机名为"Ideale"。

1906年，阿杜伊诺发现咖啡机热水供应交换不及时，便给咖啡机增加了一个冷热水交换器。

1909年，路易·吉雅洛托在机器内加入了泵，萃取压力不足这一问题被完美解决。

1910年，路易·吉雅洛托的第二个专利为螺旋下压式活塞，醇厚美味的浓缩咖啡有所改进。

1935年，意利发明了一台可以使水通过咖啡粉的机器，其通过压缩空气来实现咖啡的萃取。

1938年，阿其加发明了不用压力就能实现萃取的咖啡机——活塞压杆式。

1948 年，加吉亚将活塞压杆式机器引进市场进行量产。

1955 年，由于冲煮头的不稳定，詹皮特罗·萨卡尼改进了冲煮头，使冲煮时不会出现误差。

1961 年，飞马（FAEMA）公司推出"E61"咖啡机：

（1）确立了热交换式子母锅炉的结构。

（2）确立了绝大多数商用咖啡机的冲煮头规格"E61"（58 mm 粉碗，手柄与咖啡机接触）。

（3）"E61"同时有了简单的预浸泡以及冲煮头的保温功能。

── 反思与评价 ──

1. 意大利浓缩咖啡的由来。

2. 在意大利是谁第一个发明了制作咖啡的蒸汽动力机？

3. 意式咖啡的 3 个层次是什么？

── 课后实践 ──

活动主题：共享知识，实践操作。

本节详细介绍了意式浓缩咖啡的 3 个层次，请同学们品尝一杯意式咖啡 3 个阶段的味道并完成表 2-1-1。

表 2-1-1　意式浓缩咖啡的 3 个层次实验

序号	项目	味道
1	Crema（意式咖啡沫）呈现金黄色	
2	气泡与液体混合呈现焦糖色	
3	底部液体棕黑色	

任务 2 意式浓缩咖啡标准制作流程

——本课导入——

品尝一杯香浓的咖啡时，你会不会有亲自制作一杯咖啡的冲动？但由于对一杯意式咖啡的操作过程不了解，只能止步不前。有时候去咖啡馆，想要一杯有拉花的咖啡，却点了一杯黑咖啡美式，就闹了大乌龙。

制作一杯意式浓缩咖啡前，要了解它的操作过程，从而保证操作时利落顺畅。请同学们以小组形式观察咖啡机的结构，并掌握制作流程。

——学习新知——

一杯意式浓缩咖啡的萃取

意式浓缩咖啡萃取三要素：粉量、时间和液重。

粉量：磨好的咖啡豆倒入粉碗中的量。理想状况下，应用精度达到 0.1 g 的电子秤对粉量进行称重，如图 2-2-1 所示。粉碗通常有容量上限，粉量的上限与下限是根据粉碗大小确定的，粉量不应超过粉碗边缘。一旦确定粉量，就以此为标准保持不变。例如，我的咖啡机粉量以 18 g 为宜，因此每次我都会确保粉量为 18 g。

时间：在 20—25 s 内萃取 1∶1.5—1∶2 的粉液比。从开始萃取的那一刻开

图 2-2-1 粉量

始计时，直到你停止萃取的那一刻所耗费的总时长，也有用"流速"来表达的。

在固定压力下咖啡豆萃取时间在 20—25 s 之间最佳，咖啡豆中可溶解物含量最多为 30%—35%，但是一般可以理解成萃取率以 18%—22% 为宜，此时风味表现最佳，如图 2-2-2 所示。

图 2-2-2　萃取

过长时间的萃取会将咖啡豆中不好的物质萃取出来，导致有涩、苦、焦等不好的风味。

液重：粉碗扣进萃取头后流入量杯的意式浓缩咖啡总液量。通常会用重量来测量出杯量，具体比例根据粉液比来确定，可为 1∶1.5—1∶2。在油脂的泡沫冷却下来后显示的毫升量会更少，为了保证咖啡质量，我们应当准备电子秤称重。

意式浓缩咖啡萃取的稳定性

粉量和液重会形成一定的比例，例如粉量和液重的比例为 1∶2，则 18 g 的粉量，对应的出杯量应为 36 g。液重是可以调整的，但在一开始，你需要确保粉量和液重的比例正确，这会让你更容易萃取出一杯稳定的咖啡。

标准的意式浓缩咖啡萃取时间应为 20—25 s，这样萃取的咖啡会更加平衡，酸味、甜味和口感整体和谐。超过 25 s 则会萃取过度，味道过涩过苦；短于 20 s 则会萃取不足，呈现清汤寡水的风味。

意式咖啡的味道主要取决于咖啡浓缩，因此咖啡浓缩占有相当重要的地位。咖啡味道会因粉量、研磨度、萃取量、萃取时间和温度的不同而受到影响。

在人为可控制的情况下，可以根据咖啡的萃取状态（流速、液体颜色、气味）去调整。如图 2-2-3 所示，红线代表咖啡中好的风味，蓝线代表咖啡中不好的风味，红线所代表的好的风味在到达顶峰时就会下降，蓝线是持续上升的。

在粉量不变的情况下，时间长短影响的是咖啡的萃取物质以及浓度。

咖啡萃取时，前半段所呈现的是以好的味道为主，到了后半段，当好的味道溶解得差不多时，不好的味道溶解速率开始增加，选取适合的萃取时间是有讲究的。

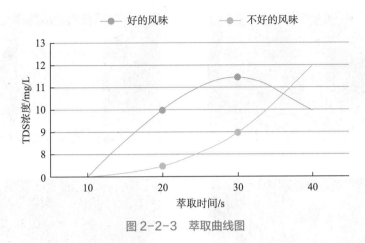

图 2-2-3　萃取曲线图

　　你的每一杯咖啡萃取时的数据相同、无大的偏差，就可保证每一杯咖啡稳定萃取。

　　每一款需要萃取的咖啡豆都有一套特定的萃取方法，根据咖啡豆的特性来创造出一套体现其风味的数据，这时候我们需要的就是体现数据性的工具。

── 知识链接 ──

意式浓缩咖啡制作基础器具

　　意式浓缩咖啡制作基础器具，如图 2-2-4—图 2-2-10 所示。意式浓缩咖啡标准制作流程，如表 2-2-1 所示。

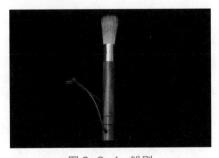

图 2-2-4　粉刷

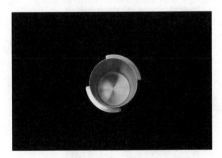

图 2-2-5　接粉器

图2-2-6 浓缩杯

图2-2-7 电子秤

图2-2-8 奶钢杯

图2-2-9 粉锤

图2-2-10 粉碗手柄

表2-2-1 意式浓缩咖啡标准制作流程

操作要领	注意事项	备注
温杯预热	不可直接选用冷杯，防止温差过大产生变味问题	建议粉量：17—22 g（粉量是根据粉碗大小来决定的）粉液重量比：1：1.5 —1：2（此区间内最为稳定，豆子在不稳定情况下可按此数据）
取下冲煮手柄	冲煮手柄需要在制作咖啡前扣在冲煮头上，保证它的温度，防止萃取时温差过大而变味	

操作要领	注意事项	备注
擦去粉碗中的水蒸气	粉碗内的水蒸气会导致最先落下的粉湿透，不能均匀地进行萃取，容易影响咖啡的口感	—
归零	电子秤在放置手柄后归零。这样做有利于我们知道接粉多少克	
接粉	根据磨豆机的特性自行调节机器，接粉保持一致；将手柄放置在咖啡磨豆机出粉口（根据机器特性接粉，自动状态可直接出粉，手动状态请自己调节想要的粉量）	
接粉后称重	粉量根据粉碗确定（一般为17—20 g，放置在已归零的电子秤上，得出我们的粉量）	水温：91—94 ℃ 水压：900 kPa 萃取时间：20（±5）s
布粉	在没有布粉器的情况下，用手指抹平、用手掌根部轻拍粉碗，如粉碗口有剩余咖啡粉，请抹掉。萃取时会有焦粉的情况出现。有布粉器最好，转动2圈即可	
填压	填压是垂直向下压，不可进行二次填压，要一次性完成。二次填压会使粉饼上紧下松，萃取不匀	

续　表

操作要领	注意事项	备注
 清洁手柄	清洁多余粉量	—
 萃取前放水	使水温平衡以及萃取上一次的残留粉渣	—
 扣上手柄	扣上手柄后要马上萃取，需提前准备杯子，长时间放置会使粉碗中的咖啡粉变焦	—
 杯子放落水盘上	用温热的咖啡杯，且电子秤已归零。沿着杯壁下流，防止有气泡，接住从手柄分流嘴处流下的咖啡	—
 成品	注意观察咖啡液的颜色，从深变浅，颜色变白就说明萃取过度。保持在 20—25 s 内完成萃取。例如 18 g 的粉用 22 s 萃取了 30 mL 浓缩液，比例就是 1∶1.6（粉量／液量）	液重保持在 35 mL 内

—— 反思与评价 ——

1.　意式浓缩咖啡的三要素是什么？

2. 如何萃取一杯水粉比正确的意式浓缩咖啡？

3. 萃取一杯意式浓缩咖啡的流程。

—— 课后实践 ——

活动主题：制作一杯完美的意式浓缩咖啡。

与同学合作制作一杯意式浓缩咖啡，根据上述的粉量、时间、液重，萃取一杯比例正确的意式浓缩咖啡，记录在表 2-2-2 里，进行实操，可多次实验并比较哪一次的比例更好喝。

表 2-2-2　制作一杯完美的意式浓缩咖啡实验

实验（1）	粉量	液重	时间
实验（2）	粉量	液重	时间

任务3 影响意式浓缩咖啡味道的因素

── 本课导入 ──

萃取完一杯咖啡进行品尝时，会发现它的风味多变，有时带有烟熏味的苦涩，有时酸甜可口，令人捉摸不透。如果说它是可口的风味，大可安心品尝，但无奈有时它像个暴躁的火团，直冲咽喉而令人难以招架，让我们难以品鉴。请同学们找出影响因素，调整后再品鉴。

── 学习新知 ──

影响意式浓缩咖啡味道的因素

主要有八大因素：水温、水量、压力、粉量、萃取时间、萃取参数、研磨度、填压的压力。当然还包括细微的因素：水质、粉颗粒形状、咖啡豆含 CO_2 量、咖啡豆烘焙程度、生豆的含水量、咖啡豆密度等。

水温

水温的高低直接影响了萃取咖啡里的物质的效率。水温越高，越容易萃取咖啡里的物质。水温越低，越不容易萃取咖啡里的物质。

水温过高，萃取的咖啡有一股焦苦的味道（萃取过度）。水温过低，萃取的咖啡就会有酸涩的口感（萃取不足）。犹如我们喝热水，水温过高导致烫嘴，水温过低导致太冰，一切需刚刚好。

水量

水量一般会直接影响咖啡的比例和萃取时间。水量多，萃取时间也会相应拉长，咖啡的味道也会随之寡淡。相反，刚刚好的水量会使一杯咖啡风味展现得淋漓尽致。

压力

压力一般由咖啡机决定，一般咖啡馆使用 8—9 bar。在萃取浓缩咖啡的时候，水在压力的作用下可快速通过咖啡粉进行萃取。一般在压力不足的情况下，咖啡容易因萃取不足而出现酸涩、淡薄，犹如喝水一般。压力太高将击穿咖啡粉，造成咖啡面凹凸不平，萃取不均匀，咖啡容易出现焦苦，难以入口。萃取水压，如图 2-3-1 所示。

图 2-3-1　萃取水压

粉量

粉量一般是由粉碗大小确定的（一般为 17—22 g），可控制在这个范围内。粉量太多容易导致粉饼填压太紧，萃取时造成水流过慢且无法均匀通过粉层，导致萃取过度。粉量太少会造成水流太快通过，导致萃取不足。

萃取时间

萃取时间也是影响咖啡味道的重要因素，应控制在 20—25 s。上面提到的粉量也是一个影响时间的因素，粉越多则时间越长，粉越少则时间越短。萃取浓缩咖啡讲究一个合适的咖啡粉量，在一个合适的时间内萃取一个合适的咖啡液重。

萃取参数

萃取参数也称为粉液比，即咖啡粉与咖啡液的比例，通常比例在 1∶1.5—1∶2 这个范围内，可根据此数据进行调整，比例过小会导致咖啡风味不完全，比例过大会导致咖啡风味单薄。

研磨度

研磨牵扯范围的就非常广泛了，它涉及咖啡豆的品种、烘焙的程度等。我们简要概括一下就是研磨太粗会造成水直接穿过咖啡粉，导致萃取不足，液体单薄无油脂；研磨太细会造成水无法正常渗透咖啡粉，变成了浸泡式萃取，导致萃取过度，液体颜色较深、有焦苦气味。研磨好的咖啡粉，如图 2-3-2 所示。

图 2-3-2　研磨好的咖啡粉

萃取咖啡需要有一个正确的研磨度配合正常的填压度。萃取的咖啡流出时的状态应是细而不间断的，并于 25 s 内流完 30—35 mL。

填压的压力

填压时会用到一个工具，叫"粉锤"，它能使咖啡粉均匀平稳地变成一个粉饼，如图 2-3-3 所示。当然，填压的力度要适中，过于用力会导致粉过于紧实而流速过慢，力度太轻则会导致粉过于松弛而流速过快，一切都得找到最适合的方法去实操。

图 2-3-3　压成粉饼

提示：影响萃取的因素分析仅以均匀萃取状态为准，如果是因通道效应而产生的严重萃取不均匀，则无法准确判断出影响萃取的因素。

— 知识链接 —

意式浓缩咖啡品鉴的"4个觉"

其一是视觉品鉴。

其二是嗅觉品鉴。

其三是味觉品鉴。

其四是触觉品鉴。

意式咖啡的品鉴，首先从外观上观察颜色、状态，闻它散发的气味，再是入口的体验，而后是整个口腔触碰到它时的触觉，最后才能判断这一杯意式浓缩咖啡是否合格。

4 个品鉴的应用了解

视觉品鉴

视觉品鉴就是用眼睛观察到的现象，从它的表面找出需要的信息。

观察意式浓缩咖啡时看油脂颜色的均一度、厚度、延展度及冒泡程度。一杯好的意式浓缩咖啡油脂有着焦糖咖色，看起来无气泡，在灯光下光泽十足，纹路清晰明了，如图 2-3-4 所示。

几个常见的现象举例：

油脂接近浅咖色并泛白：咖啡粉量过少、研磨过粗、机器压力不够、水温低于 90 ℃、萃取时间太短，咖啡豆不新鲜也会造成这个问题。

图 2-3-4　油脂颜色

油脂呈现黑褐色：咖啡粉量过多、研磨过细、水温高于 94 ℃、萃取时间太长。

缺乏油脂：萃取出来的浓缩液面上没有油脂，萃取不够，考虑是否研磨过粗或水温过低的原因。

油脂消失较快：不新鲜的豆子或烘焙过度的豆子容易产生这个问题。

嗅觉品鉴

嗅觉品鉴是指从这杯咖啡中闻到的气味是怎样的。凭借花香、焦糖香、坚果香、巧克力香、焦苦等这些嗅觉信息更能判断这杯咖啡的好坏。

当闻咖啡扑鼻而来的气味时，出现了明显的焦苦气息，则说明这杯咖啡存在问题。

味觉品鉴

味觉品鉴是指入口时嘴巴尝到的味道，如咖啡中的甜味、酸味、苦味等。

最容易体验到的3种味觉：酸、苦、甜。这3种味觉在你品尝一杯咖啡时应该是平衡的，不会有过酸、过苦、过甜的体验感出现。

过酸说明萃取过度。酸在咖啡中是一个明朗的存在，像草莓的酸是让我们喜欢的酸，醋酸是让我们皱眉的酸，不能让咖啡过酸而给人不愉快的感受。同样的道理，苦、甜也是，三者应该是平衡的、互补的。

触觉品鉴

触觉品鉴在口腔中指的是喝完一口意式浓缩咖啡后，它留在我们舌苔上及舌两侧的感觉。在喝一杯圆润顺滑且干净的浓缩咖啡时，我们整个口腔的回甘应是它芳香的余韵，如吃完糖时口腔内残留的甜味。而喝到一杯苦涩过酸的咖啡时，口腔及舌苔充斥着锅底的焦糊味，令人很不愉悦。

如何正确地喝一杯意式浓缩咖啡

喝浓缩咖啡时一定要用汤匙搅拌咖啡来"破"这层泡沫，有助于咖啡飘散的气味有更加明显的特点。这些气味可能微弱也可能强烈，可能优雅干净也可能普通且毫无特点。

—— 反思与评价 ——

1. 影响意式浓缩咖啡萃取的主要因素。

2. 如何正确品鉴一杯意式浓缩咖啡？

—— 课后实践 ——

活动主题：实验各个参数并品鉴一杯意式浓缩咖啡。

从上文中我们知道了影响意式浓缩咖啡味道的因素，我们从中选取 2 个易调整的因素（粉量、萃取时间、研磨度、填压的压力）进行实验，如表 2-3-1 所示。

表 2-3-1　意式浓缩咖啡味道变化实验

萃取时间	缩短时间	
	拉长时间	
研磨度	细研磨	
	粗研磨	

任务4 研磨度的调整方式

—— 本课导入 ——

调整研磨度在萃取中是极为重要的一个环节，如果你是一名咖啡师，那你的日常就是调整研磨度，这也是个费豆子的环节。想象：一个装有石头的瓶子和一个装有沙子的桶，装有石头的瓶子，石头之间的缝隙很大，如果往瓶中倒水，水很容易从缝隙流过；装有沙子的桶，沙子之间的缝隙很小，如果往桶中倒水，水会逐渐被沙子堵住，很难抵达桶的底部。

咖啡研磨的粗细不同，直接影响一杯咖啡的风味。而针对不同的萃取方式，咖啡的研磨度也需要做出变化。当"Espresso"流速不正常或者萃取不足、过度时，就要调整研磨度了。前提是接粉、布粉、压粉这些步骤都没有出现问题，也没有通道效应出现。

—— 学习新知 ——

磨豆机

磨豆机可分两种：手动和电动。

手动磨豆机：便捷、精致，适合出行时携带，磨豆比较麻烦。

电动磨豆机：磨豆快，可连续使用，可磨细粉，为一体机，有咖啡豆存储仓。

意式磨豆机通常有两种类型：粉仓磨豆机和无粉仓磨豆机。市面上使用更多的是粉仓磨豆机。两者的优点如下：

粉仓磨豆机的优点：（1）操作更干净；（2）静电少；（3）易处理多余咖

啡粉。

无粉仓磨豆机的优点：（1）减少咖啡粉的浪费；（2）适合多种萃取方式。

磨豆机都会有刻度盘，上面的数字 1—10 是调整研磨粗细的刻度。一般研磨越粗，数字越大，刻度越大。

磨豆机：专门用来把咖啡豆研磨成粉状，增加咖啡和热水接触的表面积，从而加速整个萃取过程的机器，如图 2-4-1 所示。

刻度盘：常见刻度为 1—10，刻度越大研磨越粗，刻度越小研磨越细，如图 2-4-2 所示。

出粉口：设有一个弹簧夹，可夹住接粉器出粉，如图 2-4-3 所示。

图 2-4-1　磨豆机

图 2-4-2　刻度盘

图 2-4-3　出粉口

豆仓：商店中经常会将咖啡豆储存在里面，随取随用，方便快捷，也可防止静电产生，如图 2-4-4 所示。

豆仓开关阀：将咖啡豆放置于豆仓后，会设置一个开关阀保证定量取用，开启时豆子自动下落，关闭时豆子将待在豆仓中不下落，如图 2-4-5 所示。

开关电源："1"为启动磨豆模式按键。"0"为关闭磨豆模式按键，如图 2-4-6 所示。

接粉盘：磨豆时会有多余咖啡粉掉落，为了不弄脏桌面而设计了接粉盘，如图 2-4-7 所示。

图2-4-4　豆仓

图2-4-5　豆仓开关阀

图2-4-6　开关电源

图2-4-7　接粉盘

（a）平刀

（b）锥刀

（c）鬼齿

图2-4-8　3种刀盘

磨豆机的刀盘

磨豆机里是有刀盘在运作的，有3种研磨方式：平刀、锥刀、鬼齿，如图2-4-8所示。

（1）平刀盘的运行原理会使咖啡的细粉较多，颗粒呈片状。

（2）锥刀盘是在底部放置锥形刀盘，锥刀产生细粉比例少，研磨均匀，颗粒呈块状。

（3）鬼齿盘磨出来的咖啡豆细粉粗粉比例均匀，颗粒呈圆形，价格较高。

调整磨豆机的意义

豆仓里的咖啡豆受湿度、储存时间、压力和咖啡豆的不统一性等影响，不断在变化，磨豆机刀片磨损程度也随着时间在发生改变，所以咖啡师会定期调整磨豆机，有时为了保证出品质量，每天都会调整研磨刻度，从而保证出品的浓缩咖啡口感完美。

咖啡豆的不统一性的影响：同一品种咖啡豆大小和密度不一，不同品种咖啡豆混拼，烘焙度不一样，这些都会导致研磨出来的粉量不一，所以需要调整合适的研磨度来中和这些不足。

豆仓压力的影响：豆仓形状为倒梯形。每次研磨时咖啡豆储存量会下降，会导致豆仓压力不一致，豆仓压力不稳定也会影响出粉量。

湿度的影响：潮湿天气下，豆仓中的咖啡豆非常容易受潮，研磨时会增加粉重。

—— 知识链接 ——

研磨粗细

咖啡粉的粗细，对做好一杯咖啡是十分重要的，意式咖啡适合选取极细的粉，如图 2-4-9 所示。

咖啡粉中可溶解物质的萃取有它适合的时间，如果粉末过细，又烹煮太久，会造成萃取过度，咖啡可能会非常苦涩而失去芳香；反之，若是粉末过粗而且萃取时间太快，会导致萃取不足，咖啡可能会寡淡而无味，这是因为粉末中水溶性的物质

图 2-4-9　细磨咖啡粉

来不及溶解出来。一颗咖啡豆，大概 30%—35% 是可溶性物质，剩下的是纤维质（咖啡渣）。但不是将 30% 的可溶性物质都萃取出来便得到了一杯最好喝的咖啡。一般最佳萃取范围是 18%—22%。

调整研磨方式

（1）每款磨豆机都有自己的调节刻度盘，使用前先检查咖啡磨豆机的型号并仔细阅读说明书。确定刻度盘的方向和力度大小。移动转盘调节刻度 1 mm，改变粉末的粗细程度，研磨时间就会改变 1—3 s。

（2）打开磨豆机，丢弃第一次所得的咖啡粉，因为第一次研磨最不稳定。用第二次所得的咖啡粉末，制作一杯咖啡，保证分量、抹平和压粉步骤准确无误。按照 1∶1.5—1∶2 的粉液比来判断萃取比例是否正确。通过流速、颜色、气味、品尝等各方面确定这杯浓缩咖啡哪里需要调整。一般确定好其中一个变量（粉量或是研磨刻度），会更方便调磨。

（3）调整之后，一定要先试做 1—2 杯咖啡来测试结果。如果是大型商用磨豆机，我们通常会测试 3—4 杯。一般情况下，20—25 s 的萃取时间为理想萃取时间。

（4）研磨过粗：流速快，15—20 s 就会萃取出 30 mL 以上的咖啡液；浓缩液的颜色浅黄且泛白，质感稀薄，油脂不凝聚，单薄；口感酸度高、寡淡，风味不明显。

（5）研磨过细：流速很慢，有些成水滴状滴下，大于 25 s 的萃取时间，萃取液过少；颜色呈深棕色且泛黑，油脂浓稠；味焦苦、辛辣。萃取结束后，因粉太细水无法顺利通过粉层，粉饼表面呈泥状。

（6）在练习中固定咖啡粉量（以 18 g 为例），按 1∶2 比例应出浓缩液体 36 g，正常时间为 20—25 s，进行调整研磨机练习。如未超过 25 s，浓缩液体 45 g，说明研磨太粗；时间超过 25 s，液体才 20 g，说明研磨太细，需要调粗。建议平时在制作意式浓缩咖啡时，可以时常用手去捻搓粉的粗细，记忆粉粗细的手感，方便以后快速判断研磨度的调整方向。

—— 反思与评价 ——

1. 研磨粗细对一杯咖啡有什么影响？
2. 如何调整研磨度？
3. 1 g 咖啡豆的可溶解物为多少？

—— 课后实践 ——

活动主题：调整磨豆机。

选择一个已设定好的萃取参数，例如粉水比、时间、粉量、液重参数，在已设定好的基础上进行研磨调整会更加方便，根据表 2-4-1 中设定的参数，完成表 2-4-2 的填写。

表 2-4-1　已设定好的参数

设定参数	粉量	液重（粉水比 1：1.7）	时间
	18 g	30.6	22 s

根据自己设定的参数进行调整，设定的参数是调整研磨的正确参考。

表 2-4-2　研磨问题记录

设定参数	粉量	液重（粉水比 1：1.7）	时间
调整研磨问题记录			
调整记录	粉量	液重（粉水比 1：1.7）	时间
第一次调整记录			
第二次调整记录			

扫一扫，获得项目二题目和答案

扫一扫，获得浓缩咖啡的制作视频

项目三　一杯拿铁的拉花艺术

任务 1 牛奶的成分与奶泡的标准

—— 本课导入 ——

在欧洲，"Latte"指牛奶，将牛奶倒入咖啡后产生艺术般的图案就是"Latte Art"（咖啡拉花）。关于咖啡拉花的起源，其实一直都没有明确的文献记载，不过有这样一个说法，1988 年美国人大卫·休莫在为客人打包早餐咖啡时，加入牛奶后，不经意间在咖啡上形成一个极为漂亮的心形图案。后来大卫·休莫发现咖啡图案能给人带来赏心悦目的感觉，这让他大受启发。此后，他开始研究各种咖啡拉花手法，渐渐地有了心形、叶子等拉花。而如此的创新技巧所展现的高难度技术，给当时的咖啡界带来了很大的震撼，从一开始就得到了大众的注目。

没有遇见拉花艺术之前的意式浓缩咖啡（Espresso），只有寂寞当道。在拉花技术的帮助下，牛奶和咖啡的奇妙碰撞，让多少咖啡师为之倾倒，这门技艺的奥妙原理是什么呢?

—— 学习新知 ——

牛奶的选择

咖啡拉花是用牛奶绘制图案，所以确保牛奶的新鲜度和奶泡的稳定非常重要。用既粗糙又不润泽的奶泡进行拉花的话，是不可能呈现出鲜明的图案的。打发奶泡用的鲜奶要选择全脂的，因为脂肪和蛋白质含量越高的鲜奶，打发奶泡会越稳定，也会更持久、更绵密。但并不是脂肪含量越高就代表奶泡可以打得越好，脂肪过高（一般生乳在 5% 以上）通常会不容易起泡。

把全脂牛奶（见图 3-1-1）和脱脂牛奶（见图 3-1-2）分别倒入两只杯中试喝，会发现脱脂牛奶的味道和质感都比较淡，而全脂牛奶则比较浓厚，喝起来也会感觉有分量，这是因为乳脂肪的含量不同。全脂牛奶含有 4% 或以上的乳脂。而我们常说的忌廉／奶油（Cream），就是在牛奶表面形成的一层薄薄的奶油，这层奶油的乳脂含量更高，比牛奶本身更美味，所以全脂牛奶能够给咖啡带来浓郁的口感。在选择打发奶泡

图 3-1-1　全脂牛奶

的牛奶时，建议选购脂肪含量为 3%—3.8% 的全脂牛奶，因为在经过整体测试后发现，这样的含量打出来的奶泡品质最佳，而且加热起泡也不会有问题。

令牛奶产生甜味的是乳糖。乳糖是双糖分子，由半乳糖和葡萄糖组成，二者共同存在于牛奶之中。乳糖并不会在水里分解，所以在它冷却的时候是尝不出甜味的，不过当它被加热后会产生可溶性，释放出糖类并增加甜度。乳糖不会影响奶泡的生成与维持，却会明显影响拉花咖啡的口味。制作咖啡拉花，一整杯可能有三分之二都是牛奶，所以牛奶的甜味与咖啡是否"合拍"也相当重要。

蛋白质是继乳糖和乳脂肪之后，我们最应该关注的第三个要素。加热牛奶时，蛋白质会从溶胶状态转变成凝胶状态，形成薄膜包围住空气分子再一次形成一种漂浮物，就是我们俗称的"奶泡"。所以，即使用豆奶、燕麦奶等含高蛋白质的植物奶，我们一样可以打出奶泡，只不过传统的植物奶当中缺乏乳脂肪，奶泡的稳定性会相对较差，特别容易消泡。

牛奶的温度

在打发奶泡的时候牛奶的温度是很重要的，最佳的牛奶保存温度为 4 ℃左右。另外要注意的是，当牛

图 3-1-2　脱脂牛奶

奶在发泡时，起始的温度越低，蛋白质变性越完整均匀，发泡程度也越高；牛奶的保存温度每上升 2 ℃时，就会减少一半的保存期限，而温度越高，

乳脂肪分解越多，发泡的程度就越低；在相同的保存温度下，储存的时间越久，乳脂肪分解越多，发泡的程度就越低。其温度超过 40 ℃的话，蛋白质就开始因变质而不能在后续制作过程中形成稳定奶泡，所以牛奶以放在冰箱里冷藏保存为最佳。在注入蒸汽之前牛奶温度不能过高，否则打入空气的范围就会变小。为了制作蒸汽奶泡，牛奶一定要冷藏。

泡沫

发泡牛奶的原理是表面剂原理，牛奶里的蛋白质充当表面剂，再通过蒸汽搅拌等手段，在热牛奶的表面形成一层牛奶与空气的混合物——泡沫。

在使用蒸汽加热牛奶时会产生奶泡，随着奶泡的产生，牛奶在拉花钢杯中的体积也会因为融合了空气而变大，但是整体上增加的体积是有限的，太多或太少对于奶泡的品质都有影响，发泡量以 20%—25% 为最佳。如图 3-1-3 所示。

图 3-1-3　发泡量

使用 350 mL 的拉花钢杯时，将牛奶加至拉花钢杯的凹槽附近，牛奶的用量是 175—200 mL，打完奶泡后的整体容量就必须控制在 210—250 mL 之间，所以换成大钢杯时，可以增加的奶泡容量也相对比较多，而使用的钢杯大小则取决于所用的咖啡杯容量。

3 种咖啡的基本构造

拿铁、卡布奇诺和美式咖啡的基本构造，如图 3-1-4 所示。

（a）拿铁　　　（b）卡布奇诺　　　（c）美式咖啡

图 3-1-4　3 种咖啡的基本构造

牛奶泡沫的大小对味道的影响

蒸汽喷嘴的位置及喷嘴底部到牛奶表面的距离决定了奶泡的大小。

喷嘴和牛奶液面之间的距离越大，产生的牛奶泡沫越大，打入空气的速度也就越快；反之，喷嘴与牛奶液面之间的距离越小，牛奶泡沫越小，打入空气的速度就越缓慢。并且随着打入空气的时间加长，奶泡量也会发生变化。打入空气的时间越长，泡沫量越多；打入空气的时间越短，产生的泡沫量越少。

既大又不稳定的奶泡会把一杯咖啡的味道变得清淡而平庸；反之，精致的奶泡在入口时会给人带来丰盈丝滑之感。细奶泡如图 3-1-5 所示，粗奶泡如图 3-1-6 所示。

图 3-1-5　细奶泡　　　　　　　　　　图 3-1-6　粗奶泡

奶泡温度

一杯烫到不行的卡布奇诺或拿铁，品尝时实在称不上是一种享受。而一杯咖啡过烫，主要都是奶泡加热太久所造成的，因此在练习打发奶泡时，温度的掌控也是非常重要的一环。蒸汽奶泡收尾时的温度要根据各种咖啡的不同特性来分别做决定。以卡布奇诺（Cappuccino）来讲，介于 55—65 ℃的牛奶奶泡最合适。一定要了解每种咖啡所适合的牛奶温度，因为掌握顾客所喜欢的咖啡温度是一项最基本的要求。

奶泡过热还会造成什么后果？

如果奶泡温度太高的话，会破坏牛奶的分子，造成风味的流失。一旦牛奶加热超过 65 ℃，糖分就会开始蒸发，而且分子结构也会开始变化。另外，浓缩咖啡煮好后，温度就会开始下降。当奶泡打好准备倒入拉花时，咖啡的温度也应该慢慢降到 65 ℃左右才行。如果奶泡的温度太高，就会直接影响到咖啡与奶泡混合的品质。

完美奶泡的标准

质地细腻绵密、有光泽，液面看起来是反光的，有适度的重量感，像天鹅绒般柔顺，完美的奶泡是非常细小的"微奶泡"。

相信爱喝咖啡的人都有这样的经验：在品尝卡布奇诺时一直只喝奶泡，而且还有可能会觉得喝到的牛奶和海绵蛋糕没啥区别，这种咖啡不管是喝起来还是看起来都不好，更不要说从头到尾都是一致的口感了。造成这种现象的罪魁祸首就是奶泡太厚。在初期练习时，可以将打好的奶泡倒入透明玻璃水杯，这样就可以观察到表面奶泡的厚度。

要判断奶泡的好坏，可在打好奶泡之后，以顺时针和逆时针方向反复摇晃拉花钢杯，这时奶泡会因为摇晃而黏附在杯壁上。接着要注意观察杯壁上的奶泡，奶泡应该像奶油一样慢慢地滑落，外表应该都是小颗细致的气泡，不能有粗细不均的大泡泡掺杂其中，这样的奶泡才称得上一杯好奶泡，如图 3-1-7 所示。

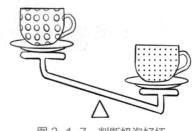

图 3-1-7　判断奶泡好坏

☕ —— 知识链接 ——

蒸汽奶泡原理

牛奶发泡的基本原理，就是利用蒸汽去冲打牛奶，把牛奶加温、加压后打出细腻丝滑的奶泡，液态状的牛奶被打入空气，利用乳蛋白的表面张力作用，形成许多细小泡沫，让液态状的牛奶体积膨胀，成为泡沫状的牛奶泡，牛奶的蛋白质会黏附在气泡上，接着脂肪在加热软化后会变成气泡间的黏着剂。我们需要根据不同品种咖啡的要求适当调整牛奶量、奶泡厚度及温度。在发泡的过程中，乳糖因为温度升高，溶解于牛奶，并且利用发泡的作用使乳糖封在牛奶之中，而乳脂肪的功用就是让这些细小泡沫形成安定的状态，使这些牛奶泡在饮用时，细小泡沫会在口中破裂，让味道跟芳香物质有较好的散发、放大作用，让牛奶产生香甜浓稠的味道和口感。

在做蒸汽奶泡的时候，压力保持在 1—2 bar 最合适，这可以通过蒸汽压力计来确认。当牛奶与咖啡融合时，分子之间的黏结力会比较强，使咖啡与牛奶充分结合，让咖啡和牛奶的特性能各自凸显出来，而又完全融合在一起，起到相辅相成的作用。

—— 反思与评价 ——

1. 适合打发奶泡的牛奶品种有哪些?
2. 蛋白质含量不同的牛奶对奶泡稳定性有什么影响?
3. 冬夏两季，牛奶浓稠度不同对奶泡流动性有什么影响?

—— 课后实践 ——

寻找 3 种不同品牌的牛奶，在表 3-1-1 中写下打出的奶泡情况。

表 3-1-1　3 种牛奶的奶泡情况

序号	牛奶品牌	奶泡情况
1		
2		
3		

任务 2 奶缸与咖啡杯的使用标准

—— 本课导入 ——

　　有一个教授请他的客人们喝咖啡。他走向厨房，端来了一大壶咖啡和各式各样的咖啡杯——陶瓷的、塑料的、玻璃的、水晶的，有的样子一般，有的很贵重，有的则很精致。教授让大家自己选杯子倒咖啡喝。当所有人手里都端有一杯咖啡后，教授说："你们如果留意的话，就会发现所有好看而值钱的杯子都被你们选用了，剩下的是那些看起来样子一般、价钱便宜的杯子。你们只想拿最好的杯子给自己，这很正常。而这正是你们生活中的问题和压力的根源所在。""要知道，咖啡杯本身并不会提升咖啡的品质。多数情况下，昂贵的咖啡杯只会使你付出更多的代价去喝咖啡，而某些情况下，它们甚至掩盖了咖啡的价值。""你们所有人真正想要的是咖啡，而不是杯子，可是你们却有意识地去拿最好的杯子……然后，你们又开始打量别人的杯子。""想想吧——生活就好比是咖啡，而工作、金钱和社会地位就好比是咖啡杯，它们只是承载生活的工具。我们所拥有的杯子的式样并不能定义也不能改变我们的生活质量。有时候，因为关注咖啡杯，我们没能好好享用上帝赐给我们的咖啡。"故事的最后，教授慢悠悠地说："享受你们的咖啡吧！"

　　工欲善其事，必先利其器。良好的技术当然也要有适合的器具来操作才行。接下来，就让我们看看在咖啡拉花中起到重要作用的两种器具吧，并思考两种器具该如何合作才能做出完美的拉花。

拉花钢杯

拉花钢杯的材质多为不锈钢，一般来说，拉花钢杯按嘴型可分为圆嘴型、尖嘴型、长嘴型和短嘴型。圆嘴拉花钢杯适合制作圆润、丰盈的拉花咖啡；尖嘴拉花钢杯适合制作有线条和层次的拉花咖啡。市面上拉花钢杯的容量大致分为 150 mL、350 mL、600 mL、1000 mL，如图 3-2-1 所示。奶盅的容量大小随着蒸汽量的大小而有差异，350 mL 和 600 mL 是较常用的钢杯种类。

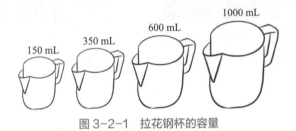

图 3-2-1　拉花钢杯的容量

钢杯嘴部通常以长嘴、短嘴和宽口、窄口区分，可依个人喜好选择。

短嘴

一般来说，在拉花时宽口短嘴比较容易控制奶泡的流速和流量。
建议初期练习时选择短嘴的钢杯，如图 3-2-2 所示。

长嘴

如果是长嘴，会比较容易失去重心，尤其是在拉叶子时，常会有两边不对称的状况发生，不然就是形状容易歪斜到一边，如图 3-2-3 所示。

图 3-2-2　短嘴

图 3-2-3　长嘴

拉花钢杯的握法

当绘制心形这样的静态图案时，应把两根手指固定在钢壁上，如图 3-2-4 所示，称为"捏把手"；而当绘制叶子这样的流动图案时，应握住拉花钢杯把手进行移动设计，如图 3-2-5 所示，称为"拿把手"。无论哪一种拿法，拉花钢杯都要拿正。

图 3-2-4　捏把手

图 3-2-5　拿把手

捏把手是在手部保持固定的状态下用手臂的全部力量进行细微晃动的构图方式；拿把手是指用手指握住拉花钢杯把手，仅仅靠手指的移动来晃动拉花钢杯进行绘图的方式。

拉花钢杯的倾斜角度

拉花钢杯的倾斜角度直接决定了奶泡的流速以及形成的图案大小。拉花钢杯口越接近咖啡液面，流速越快，可以完成一些华丽的图案，而拉花钢杯口与咖啡液面形成的角度越小，奶流的流柱越为粗厚，如图 3-2-6—图 3-2-8 所示。

图 3-2-6　倾斜角度

图 3-2-7　流柱细小

图 3-2-8　流柱粗厚

咖啡杯的种类

咖啡杯大体分为马克杯、扩口杯、泽田杯、郁金香杯、爱淘乐及玛奇朵等。容量太小或者太大都不容易制作拉花咖啡，最适合制作拉花的杯子容量为150—350 mL。不同的杯身形状也会影响拉花的成形与时机，但是选择杯子时首先还是要看容量。选定杯子的容量后还要选用相对应的钢杯，最后要考虑的才是杯子的形状。一般来说，分为高且深的杯子和底窄口宽的矮杯两大类，如图3-2-9所示。

图 3-2-9 两类杯子

一般而言，咖啡杯都是以圆形为主，其他形状的其实也可以，但是要注意奶泡倒入后和咖啡的混合是否均匀。

高且深的杯子内部体积不大，所以在倒奶泡时奶泡容易累积在表面，虽然图案容易成形，但往往会因为奶泡太厚而影响口感，如图3-2-10所示。

窄底宽口杯可以缩短奶泡与咖啡融合的时间，而宽口能让奶泡不会积在一起，并有足够的空间使奶泡均匀分布，图形花样也会比较美观，如图3-2-11所示。

图 3-2-10 高且深的杯子

图 3-2-11 窄底宽口杯

咖啡杯的倾斜角度

咖啡杯的倾斜角度关系到拉花图案的鲜明程度。咖啡杯越倾斜，拉花钢杯口与咖啡液面的距离就越近，因此奶泡从拉花钢杯坠入的距离被缩短，重力被减弱，这样更容易进行拉花图案的绘制。反之，若在咖啡杯完全没有倾斜的状态下进行构图，咖啡表面的图案则会变得模糊。具体情况如图3-2-12—图3-2-14所示。

图 3-2-12　两种倾斜角度

图 3-2-13　实际操作之倾斜角度大

图 3-2-14　实际操作之倾斜角度小

咖啡拉花标准流程

萃取一杯意式浓缩咖啡

优质的拉花需要优质的咖啡作为基底，所以萃取一杯好的 Espresso 是前提，如图 3-2-15 所示。

图 3-2-15　萃取一杯好的 Espresso

打发奶泡

选用全脂牛奶打出一杯优质的奶泡，如图 3-2-16 所示。

牛奶与咖啡的融合

细腻奶泡刺破咖啡油脂的瞬间，融合便慢慢开始。

注意事项：

（1）融合时，哪里有白色泡沫就往哪里倒，不要让奶泡上翻。

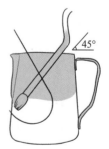

图 3-2-16　打发奶泡

（2）过粗的奶流会产生较大的冲击力，一般选择较细的奶流，但要保持流速，否则过程中奶流容易断掉。

咖啡师在处理融合时通常有 3 种手法：

画圈融合法：采用逆时针或顺时针进行绕圈，左右手同时绕圈，会有半圈的延迟，从而产生搅拌的力量，达到融合的目的。

定点融合法：在一个点进行融合，这种方法几乎不会破坏咖啡油脂表面的干净程度。

一字融合法：在一条线上左右摆动地去融合，这种方法会较大程度地减少破坏咖啡油脂的面积。

如前文所述，钢杯拉高时会将已制造出的白色奶泡往下冲，而在刚开始结合时，需要将拉花钢杯拿高倒出细水柱，拿高是为了增加奶泡力道。在水柱倒入 Espresso 时，会将白色奶泡带入 Espresso 中，并与 Espresso、咖啡油脂（Crema）混合，这个步骤非常重要，关系着口感的好坏，如图 3-2-17 所示。

将拉花钢杯降低靠近咖啡，当奶泡流速变缓时，水柱的力道会变小，白色奶泡就会开始层积在咖啡表面。刚开始层积时可以慢慢增加倒出来的奶泡量，当往下的流速减缓时，表面的奶泡也会随之层积更多，但切记其范围不能过大，过大则说明冲力增加了，如图 3-2-18 所示。

图 3-2-17 高而细

图 3-2-18 低而粗

拉花

用经过蒸汽发泡的牛奶直接在 Espresso 上面借助手腕的力量画出各种漂亮的图案。

—— 知识链接 ——

咖啡杯的那些事

我们日常所使用的咖啡杯根据材质，可分为以下几类：

（1）瓷杯。它由高岭土、瓷粉等制成，有白瓷、骨瓷等，是最通用的咖啡器皿。骨瓷杯是由高级瓷土混合了动物骨粉烧制而成的，它的特点是质地轻盈、色泽柔和、透光性强、均匀无杂质、在灯光下泛黄、敲击声清脆悦耳，最重要的是它保温性特别好，可以让你有足够的时间慢慢品尝咖啡。

（2）陶杯。它由陶土烧制而成，表面相对比较粗糙，颇有古朴与禅寂之感。这样质朴的陶杯更适合深度烘焙且口感浓郁的咖啡，它也是追求文化与历史感的咖啡玩家的最爱。

（3）玻璃杯。它通体光滑、透明，带给人一种明亮感。还有一种双层玻璃杯，具有更好的保温效果，用它来盛 Espresso、拿铁、玛奇朵这类花式咖啡，可以看到牛奶和奶泡慢慢地与咖啡相融合，并很好地展现出咖啡的层次感。

—— 反思与评价 ——

1. 3 种不同品种的咖啡应该选择什么样的咖啡杯？
2. 结合实操训练思考 3 种融合方法的优缺点。
3. 学了这个任务后，你的体会是什么？

—— 课后实践 ——

活动主题：以 Espresso 为画布，试着用牛奶作画。

请同学们自己动手制作一杯咖啡，根据自身口味从拿铁和卡布奇诺中选择一种进行制作，注意咖啡杯的选择。

任务3 稳定打发奶泡训练

—— 本课导入 ——

　　双偶咖啡馆（Les Deux Magots），这名字来源于咖啡馆墙壁上雕刻着的两个穿着中国古代服装的老叟。曾经，这里作为中国人在巴黎经营的第一家丝绸店而名噪一时，后来丝绸店改造成咖啡馆，成为巴黎名人出没的场所。直到今天，你还可以看到服务员们穿着传统的黑白相间的制服，为客人们端来店里的招牌产品卡布奇诺、熏鱼和鹅肝酱。此外，一年一度的"双偶"文学奖颁奖仪式也会在这里举行，说不定你还能成为现场的观众，如图 3-3-1 所示。

（a）　　　　　　　　　　　　　　　　（b）

图 3-3-1　双偶咖啡馆

　　一个拉花图案成功与否，奶泡的质量往往起着非常关键的作用，整个作品的表面光泽度好、奶泡结构一致、奶泡流动性好等，都是咖啡师在制作拉花咖啡时要考虑到的因素，因为奶泡的质量会影响到饮品的口感。

稳定打发奶泡

发泡牛奶原理

发泡牛奶的原理是表面剂原理，牛奶里的蛋白质充当表面剂，再通过蒸汽搅拌等手段，在热牛奶的表面形成一层牛奶和空气的混合物，就是泡沫。

【材料器具准备】

材料、器具准备，如图 3-3-2—图 3-3-5 所示。

图 3-3-2　冷藏牛奶

图 3-3-3　蒸汽棒：用于打发牛奶

图 3-3-4　拉花钢杯

图 3-3-5　咖啡杯

咖啡机状态

常态：

水位／中心线

压力（不操作时）/0—3 bar

压力（操作时）/9 bar

蒸汽压力/1.2 bar

具体情况如图 3-3-6 所示。

图 3-3-6　咖啡机状态

先将蒸汽打开

（1）观察一下蒸汽从喷嘴孔喷出的形状，不同品牌蒸汽棒孔的方向会有些不同，大致可分为较为外扩和较为集中两种情况。

（2）如果比较外扩，建议将蒸汽管置于偏拉花钢杯外围的位置；如果比较集中，建议将蒸汽管放在偏拉花钢杯中心的位置。

【操作步骤】

稳定打发奶泡的操作一览，如表 3-3-1 所示。

表 3-3-1　打发奶泡操作一览表

操作要领	注意事项	备注
倒牛奶	往拉花钢杯里倒入牛奶至凹槽处	1.如果牛奶够了，那么奶泡就不能再增加了 2.新手可以使用温度计、感应贴纸，辅助测量奶泡温度
启动蒸汽阀	放出蒸汽棒内多余的水分，空喷清洁蒸汽棒。冲煮手柄要一直扣在冲煮头上保温，不要放在落水盘等其他地方，不然煮咖啡时，低温的冲煮手柄会使冲煮水温降低而造成咖啡变味	残留的水分会稀释鲜奶

续 表

操作要领	注意事项	备注
 定位置	1. 左手持杯，右手提起蒸汽棒寻找位置（图示位置） 2. 将蒸汽棒倾斜地插入牛奶中，与杯壁的夹角为45°，形成气泡角度 3. 蒸汽棒出气口位于牛奶液面底下1 cm处	
 "打发"阶段	打开蒸汽调节按钮，右手轻轻扶在奶钢杯侧面，伴随着"嗞嗞"的打奶泡声音，让牛奶在奶钢杯中旋转，形成漩涡，将奶钢杯一点一点向下挪移，将空气打入牛奶中。因为蒸汽棒的蒸汽是水流转动的动力，所以当漩涡形成时，蒸汽棒应在漩涡中心的外围	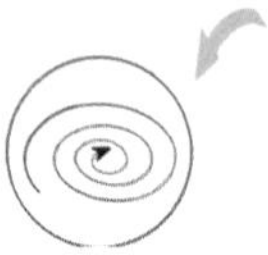
 "打绵"阶段	当奶泡的量增加到1.5倍左右时，将装牛奶的奶钢杯往上提高1 cm，让喷嘴浸入牛奶中，保持液面旋转。等扶住奶钢杯的手感到温度烫手，握2—3 s，再关掉蒸汽调节按钮，这时牛奶温度大概为65 ℃	—
 敲杯	在桌子上敲杯震碎大奶泡	—
 清洁蒸汽管	用抹布转动擦拭蒸汽管口，将牛奶残渍擦拭干净	—

续　表

操作要领	注意事项	备注
 空喷蒸汽	再次打开旋钮，将蒸汽管内残留的牛奶喷出	残留的牛奶干涸会阻塞管口

—— 知识链接 ——

咖啡与牛奶的故事

英国

大约在 1660 年，荷兰驻印尼巴达维雅城总督尼贺夫最早将咖啡与牛奶混合在一起饮用。当时，茶叶都是由东方运输到英国，因为价格昂贵，所以只有王公贵族才能享受。贵族们感到茶苦涩而难入口，于是加入少量牛奶，使茶喝起来更顺滑。

尼贺夫根据茶与咖啡都有些难入口的共同特性，加入了牛奶进行调和饮用。

法国

来自印尼荷兰人牛奶加咖啡的喝法传入法国时，受到法国人的青睐。法国人烘焙的咖啡豆会偏深，烘焙度仅次于意式烘焙。由此可想象一杯黑咖啡的味道会多么焦苦。正确制作咖啡牛奶的方法应该是两手同时拿着牛奶壶和咖啡壶，将两者注入咖啡杯中，使咖啡与牛奶充分融合。

意大利

20 世纪初，意大利发明了半自动蒸汽加压咖啡机，在萃取好的浓缩咖啡里加入用蒸汽打发的牛奶，于是意大利人钟爱的卡布奇诺就这么诞生了。

—— 反思与评价 ——

请同学们完成表 3-3-2 中的实验。

序号	项目	完成情况	
		是	否
1	奶泡表面是否有粗泡沫		
2	静置 60 s 以上，奶泡和牛奶才出现明显的分层		
3	奶泡温度是否 55—65 ℃		

—— 课后实践 ——

活动主题：新手练习。

请同学们以小组为单位，按照操作要求及步骤，进行稳定打发奶泡训练。要判断奶泡的好坏，可在打好奶泡之后，以顺时针和逆时针方向反复摇晃拉花钢杯，这时奶泡会因为摇晃而黏附在杯壁上。接着要注意观察杯壁上的奶泡，奶泡应该像奶油一样慢慢地滑落，外表应该都是小颗细致的气泡，不能有粗细不均的大泡泡掺杂其中——这样的奶泡才称得上是一杯好奶泡。

任务 4　拉花的原理与标准流程

—— 本课导入 ——

咖啡拉花是指用牛奶在咖啡表面进行各种各样的花式设计，也可称为"Design Cappuccino""Latte Art"等。咖啡拉花兴起于欧洲，随后传到美国、日本等国家。随着树叶、心形、郁金香等多种多样图案的设计和研制，咖啡拉花逐渐在咖啡师圈形成了一种新兴文化。目前比拼拉花实力的咖啡师大赛有欧洲精品咖啡协会（Specialty Coffee Association of Europe，SCAE）及美国 Coffee Fest 举办的"The Millrock Latte Art Championship"世界咖啡拉花比赛等。那拉花原理到底是什么？奶泡又是如何在咖啡上舞蹈的？

—— 学习新知 ——

拉花的原理

一般拉花咖啡的基底都是浓缩咖啡，这是因为浓缩咖啡上有一层厚厚的油脂，能够产生足够的表面张力，托起由微小气泡所组成的奶泡。借由奶泡和油脂的排列，就可以做出各式各样的图案，所以拉花成功与否，除了咖啡师的技术，奶泡及咖啡油脂也是很重要的因素。

拉花基本手法

直接倒入成形法

（1）晃动：通过左右晃动拉花钢杯使咖啡表面形成鲜明的纹路。此种手法被运用在树叶拉花的制作中，需要注意保持晃动幅度的统一，并且注入奶泡时动作要干净利落，如图3-4-1所示。

图3-4-1　晃动

（2）原点注入：指的是仅通过调整拉花钢杯与咖啡杯的倾斜角度来完成图案。在注入奶泡之前，要确保蒸汽奶泡和牛奶处于充分融合状态，同时拉花钢杯与咖啡杯保持一定的倾斜角度。传统卡布奇诺拉花设计中的圆形以及心形图案都是使用此种手法制作的，如图3-4-2所示。

（3）细奶流注入：在拉花设计的最后阶段，往往使用细奶流来收奶泡。只有保证奶流不在中间断掉，才有可能完成一个精美的图案设计。拉花钢杯的嘴同咖啡表面之间的距离调节非常重要，此种手法被运用在心形以及树叶梗的绘制中，如图3-4-3所示。

图3-4-2　原点注入

手绘图形法

手绘图形法是指用锥子一样的器具在奶泡上或者巧克力酱上勾画，用线条来进行拉花设计的方法。

图3-4-3　细奶流注入

拉花练习步骤

对于初学者来说，应先将基础打稳，以能稳定控制奶泡倒出的流量作为目标，来加以练习。

拉花也可称为"甩花"，过程中大部分的动作都像是在将奶泡从拉花钢杯里甩出去，但是甩的可不是拉花钢杯，因为不管怎么用力地去摇晃拉花钢杯，都不会有漂亮的线条产生。

【操作步骤】

拉花操作一览，如表3-4-1所示。

表 3-4-1　拉花操作一览表

操作要领	注意事项	备注
准备阶段	左手拿咖啡杯,倾斜 30° 左右,右手拿拉花奶钢杯,放低位置,将奶钢杯口对准液面中央处	—
咖啡与奶泡的初次融合	将拉花钢杯迅速抬高至液面上方 7 cm 处,让打泡后的牛奶以细长而缓慢的流速开始注入,迅速刺破咖啡油脂,让二者充分融合	将奶泡倒入浓缩咖啡时,应该以稳定且缓慢的速度注入,要尽可能地避免奶泡量忽大忽小
定点寻找拉花起花点	当奶泡注入达到杯子的 1/2 时,降低拉花钢杯的高度,让奶钢怀嘴部靠近咖啡的表面,我们会发现白色的奶泡一开始堆积在表层,形成一整片都是白点的情况("白点"则为起花点)	—
拉花	加大牛奶的注入,手腕和手臂配合匀速左右来回晃动并向前推,此时可以拉出不同的花型	制作小范围的图形时,拇指要按住把手顶部的位置。制作大范围图形时,要用手腕的关节来控制
收尾	用奶泡装满杯子,提高拉花钢杯,小流量直线收尾	收尾时一定要稳、准,把拉花钢杯拉高,拉高的同时手要稳,不要让奶流抖动和移动,要果断,否则会出现泡泡

新手练习方法：

新手要先从"拉水"开始，练习稳定性。

（1）杯子和拉花钢杯要保持垂直，使水流的位置摆正。

（2）水流控制要求不能出现水声，有水声则说明拉花钢杯和杯子的距离过远，在拉花时会出现泡泡，影响美观。

（3）水流的练习要有连贯性，一般一次需要练习十几分钟。

（4）水流的控制，需要经过下面两个阶段。

①用一种大小不变的流速将杯子装满水，不能有泡泡。

②流速能变大或变小且可持续 5 s 以上的时间，不能忽大忽小。

—— 知识链接 ——

世界著名的"WLAC"比赛

"WLAC"（World Latte Art Championship），即世界拉花艺术大赛，素有咖啡届的奥林匹克大赛之称，为世界咖啡协会 WCE（World Coffee Events）属下的七大赛事之一。

"WLAC"是一个国际性的拉花比赛，每年举办一次。先在各个国家进行分区赛角逐出一名冠军，再进行最后的总决赛角逐出世界冠军。世界拉花艺术大赛是一项突出艺术表现力，挑战咖啡师现场表演能力的赛事。各个国家的代表，都会在比赛中的拉花项目上展现自己的拉花技巧。近两年，中国选手在这项比赛中取得了优异的成绩，如 2020 世界拉花艺术大赛中国区冠军梁凡、2021 世界拉花艺术大赛中国区冠军刘国强。

—— 反思与评价 ——

根据所学知识，试着对意式浓缩咖啡进行拉花，并进行自我评价，如表 3-4-2 所示。

表 3-4-2　意式浓缩咖啡拉花自我评价表

序号	项　目	完成情况	
		是	否
1	咖啡色和白色部分显色均匀		
2	咖啡色和白色对比鲜明		
3	咖啡与牛奶口感令人愉悦		

—— 课后实践 ——

活动主题：拿铁品鉴。

请同学们按照拿铁品鉴方法，为自己制作的拿铁打分。看：表层奶泡是否细腻，拉花图案是否清晰。闻：牛奶香气扑鼻。尝：牛奶甜度适中，温度适宜。

任务5 拉花之心形

—— 本课导入 ——

拉花的呈现赋予了咖啡美感，给予了客人和咖啡师愉悦的心情。心形咖啡拉花的运用领域十分广泛，同时也是大部分咖啡师最喜欢的一种咖啡拉花图案，制作相对简单和"保守"，可以提高成功率和出品率。但是，完美的心形咖啡拉花所折射出的基本功底是显而易见的！所以，检验一个咖啡师的拉花技能，心形无疑是最"难"的。制作出完美且有"意境"的咖啡拉花，练习好心形基本功很关键！

请同学们以小组为单位，按照操作要求及步骤，制作一杯心形拉花咖啡。

—— 学习新知 ——

心形拉花介绍

心形的种类

前面的章节都是练习基本功，接下来则要开始进一步练习拉花的变化。之前练习将白色奶泡倒在表面时，会发现奶泡都会呈圆形，基本的爱心形状则是由圆形衍生出来的。爱心拉花通常有纯白色的爱心以及中间有许多线条的爱心，我们将其分别称为"实心"和"洋葱心"。

【成品展示】

实心爱心形拉花，如图 3-5-1 所示。洋葱心爱心形拉花，如图 3-5-2 所示。

图 3-5-1　实心爱心形拉花

图 3-5-2　洋葱心爱心形拉花

【操作步骤】

心形拉花操作一览表，如表 3-5-1 和表 3-5-2 所示。

表 3-5-1　实心爱心形拉花操作一览表

操作要领	注意事项	备注
注入奶泡	左手拿咖啡杯（倾斜），右手拿拉花钢杯，找准液面中心点，抬高拉花钢杯，以细小奶流注入，用细小奶流画圈融合	—
绘制圆形	5 分满后奶钢杯放低靠近液面 1/3 处（注意图中位置称为起花点），加大奶流形成圆	—
收尾	收尾时要将奶柱缩小，扶正咖啡杯，将拉花钢杯抬高，向图形底部进行收尾	

表 3-5-2 洋葱心爱心形拉花操作一览表

操作要领	注意事项	备注
 注入奶泡	左手拿咖啡杯（倾斜），右手拿拉花钢杯，找准液面中心点，抬高拉花钢杯，以细小奶流注入，用细小奶流画圈融合	—
 晃动牛奶	5 分满后奶钢杯放低靠近液面 1/3 处（注意图中位置称为起花点），晃动拉花钢杯 6—7 次将牛奶划过上层奶泡，形成一层层的线条堆叠。晃动结束后回到最初原点继续注入牛奶至 90%（注意图示）	晃动的技巧是要晃动牛奶，而不是单纯移动钢杯 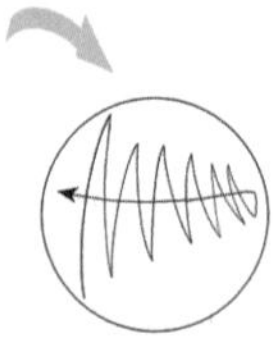
 收尾	收尾时要将奶柱缩小，可用相同的钢杯角度，将钢杯拉高，向图形底部进行收尾	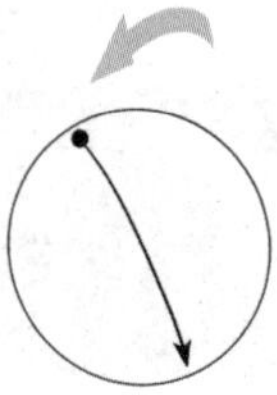

知识链接

日式咖啡发展简史

十七世纪中叶至十九世纪中叶，咖啡由荷兰商人引进日本，当时的荷兰是日本唯一的西方贸易伙伴。然而，人们对这种"焦糊"味的饮料感到厌恶，因此，当时咖啡主要被居住在日本的荷兰商人消费。直到日本对外开放，咖啡才在日本逐渐流行起来。

1910 年，由鸿之巢开设的咖啡馆引起了人们的注意，成了森鸥外、北原白秋、石川啄木、黑田清辉等文人聚会的场所。在此期间，咖啡馆（喫茶店）成了日本新时期文化交流与沙龙聚会不可缺少的一部分。

早期的日式咖啡馆沿用了欧洲的深度烘焙，为了更加适应日本的饮食文化，咖啡采用冲煮及萃取。这也成了日本咖啡深烘焙、口感温和、触感柔顺、甜感高、醇厚度高的风味特性及历史来源。然而，正当咖啡开始快速发展之时，日本在"二战"时期将咖啡作为"敌对国饮品"，禁止了它的进口。

直到战后日本经济高速发展，咖啡禁令才解除。人们在适应高强度工作之余，咖啡这一节奏快、提神的饮品又迎来了第二次高速发展。

此时，鸟羽博道看到了机遇。他预测了咖啡饮品势必会逐渐融入工薪阶层的日常生活。因此，他创办了日本最受欢迎且长久经营的咖啡品牌：罗多伦，其在日本就有 1100 多家店面，还在马来西亚和新加坡等开设了分店。

与此同时，众多爵士喫茶店、摇摆舞厅喫茶店和琥珀咖啡店也逐渐兴起。

—— 反思与评价 ——

根据所学知识，制作一杯 Espresso，再选择一种心形图案，进行拉花，并进行自我评价，如表 3-5-3 所示。

表 3-5-3　制作心形图案自我评价表

序号	项目	完成情况	
		是	否
1	心形图案是否在正中心		
2	心形尖部是否细长		
3	奶泡的绵密程度		

—— 课后实践 ——

活动主题：用"心"服务。

请同学们以小组为单位，运用两种不同的心形拉花方法，以牛奶为画笔在 Espresso 上画出心形奶泡图，观察两种不同心形拉花之间的区别。拉花不只是在视觉上讲究牛奶和油脂清晰度，也注重牛奶绵密的口感，从而在整体上达到所谓色、香、味俱全的境界。

任务6 拉花之叶子

—— 本课导入 ——

1980—1990 年，咖啡拉花艺术在美国西雅图得以发展，尤其是大卫·绍梅尔将咖啡拉花艺术大众化。1986 年绍梅尔肯定了在 Uptown Espresso 咖啡馆工作的杰克·凯利的微泡（"天鹅绒泡沫"或"牛奶纹理"）技术，此后心形图案成为绍梅尔在该咖啡馆的签名产品。1992 年绍梅尔开创了蔷薇花图案的拉花。

拉花的呈现赋予了咖啡美感，给予了客人和咖啡师愉悦的心情。

请同学们思考爱心拉花与树叶拉花之间的微妙联系是什么。

—— 学习新知 ——

叶子拉花介绍

叶子拉花注意事项

在拉花的图形中叶子是最容易形成的图案之一，因为只要有晃动和移动，线条自然就会形成，但是要拉得好看，就要注意这几个地方：钢杯嘴是否歪斜、晃动的频率是否一致，往反方向移动的速率是否稳定，与杯子奶泡的高度是否相当，奶泡的出奶量是否适当，等等。这么多条件组合在一起，才能构成大小适中、黑白分明、对称的叶子。

【成品展示】

叶子拉花图案，如图 3-6-1 所示。

图 3-6-1　叶子图案

【操作步骤】

叶子拉花操作一览，如表 3-6-1 所示。

表 3-6-1　叶子拉花操作一览表

操作要领	注意事项	备注
注入奶泡	左手拿咖啡杯（倾斜），右手拿拉花钢杯，钢杯嘴靠近液面，对准浓缩咖啡液面中心，以细小奶流注入，逐渐拉高奶钢杯，用细小奶流画圈融合	—
晃动手腕	4 分满后将奶钢杯再次靠近液面 1/3 处，晃动拉花钢杯 7—8 次，当液面到顶端后收奶泡	

续　表

操作要领	注意事项	备注
 分段式	再次注入奶泡，将奶钢杯靠近液面，绘制一个小圆，向反方向拉奶泡直至呈爱心形	—
 收尾	最后收尾时要将奶柱缩小，将咖啡杯扶正，将钢杯缓慢拉高，从画面中间横切过去到底	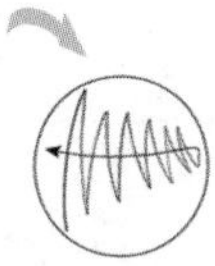

—— 知识链接 ——

咖啡饮用者的不同偏好

不同的国家和地区，咖啡饮用者的口味习惯差异较大。比如，在北欧地区，他们喜欢烘焙程度较浅的咖啡豆，这种咖啡豆出品的咖啡带有水果味，口感细腻。但在欧洲南部地区，他们喜欢经过深度烘焙的咖啡豆出品的咖啡，这样的咖啡醇度更高，同时带有苦味。而法国受到邻国的影响，他们饮用咖啡的口味往往介于上述两者之间。

—— 反思与评价 ——

根据所学知识，制作一杯浓缩咖啡，再进行叶子形图案拉花，并进行自我评价，如表 3-6-2 所示。

表 3-6-2　制作叶子图案拉花自我评价表

序号	项目	完成情况	
		是	否
1	叶子图案两边是否对称		
2	叶片是否清晰		
3	奶泡的绵密程度		

—— 课后实践 ——

活动主题：大自然的形态。

请同学们以小组为单位，在浓缩咖啡的基础上，以牛奶为画笔画出叶子的形状。拉花不只是在视觉上讲究牛奶和油脂清晰度，还注重牛奶绵密的口感，从而在整体上达到所谓色、香、味俱全的境界。

扫一扫，获得项目三题目和答案

项目四　冲煮与金杯

任务 1 冲煮的定义与种类

在冲煮咖啡的过程中，咖啡豆里的各种成分借由溶解而释放至水中，被称为"萃取"。想煮出一杯好咖啡，需要使用正确的方法，适当萃取出咖啡豆中的油脂与香味量，减少咖啡因与苦涩成分。

冲煮咖啡的定义

冲煮咖啡，是以"冲"（注水）为主的手法，通过倒水的冲力让咖啡颗粒做适当的翻滚，"浸泡"后释放出咖啡物质，最后"过滤"而完成萃取过程。

冲煮咖啡壶的种类

法式压滤壶

法式压滤壶，又被称作"法压壶"。许多人看到法式压滤壶的第一个感觉就是：这不就是我们常见的泡茶器吗？两者的不同之处在于法压壶的滤网网目比泡茶器更细，这是因为法压壶所要过滤的咖啡粉比茶叶更小，如图 4-1-1 所示。

使用此壶，不需要复杂的器具与技巧，就能在短时

图 4-1-1　法式压滤壶

间内冲出一杯高品质的咖啡。法式压滤壶是一种既简易又方便的冲煮工具。

滤冲式

将水注入壶中，让水柱与咖啡粉共存，萃取出纯净的咖啡风味。滤冲式咖啡
看似简易，实则需要多加练习才能充分掌握
注水的技巧，使得水与咖啡粉之间充分接触。
滤冲式咖啡，由于经过滤纸或滤布的过滤，
所以咖啡中不会有咖啡渣。滤纸在过滤咖啡
粉的同时也阻隔了咖啡油脂的通过，因此喝
起来口感干净清爽许多，如图 4-1-2 所示。

图 4-1-2　滤冲式

虹吸壶

通过加热，可以看到水从虹吸壶的下壶逐渐升至上
壶，在上壶与咖啡粉相遇，经过搅拌之后，将咖啡粉
留在上壶，而纯净的咖啡液则会回流到下壶，这个过程
非常具有观赏性。虹吸壶实际上是一种比较好的冲煮工
具，它所呈现出来的咖啡风味与滤冲式很相似，主要原
因在于这两种煮法都通过滤纸（布）过滤了咖啡粉，出
品的咖啡都有一种纯净的口感，如图 4-1-3 所示。

图 4-1-3　虹吸壶

摩卡壶

在意大利，摩卡壶是一般家庭最常使用的冲煮工具。不论外观如何设计，各
家厂商生产的摩卡壶构造都是大同小异的，基本上可以分为上壶、下壶与过滤器
三大部分。摩卡壶冲煮的方式比较类似虹
吸壶——下壶的水加热之后便产生蒸汽，当
蒸汽压力到达一定程度便将热水推至上壶，
在热水流往上壶的途中，经过过滤器中的
咖啡粉，萃取出咖啡的精华，如图 4-1-4
所示。

图 4-1-4　摩卡壶

从法压壶、滤冲式、虹吸壶、摩卡壶，

到当红的 Espresso，咖啡的冲煮方式五花八门，每种冲煮方式都各具特色与风味，接下来就要介绍几种主要的冲煮方式，跟着书中的步骤，熟练之后再按照自己的习惯与喜好做一些调整，相信你一定可以煮出一杯香醇可口的好咖啡！

知识链接

谁发明了手冲咖啡？

手冲咖啡在英文中有两个词可以表示，一个是"Hand Drip Coffee"，意思比较接近通过手将水滴入咖啡粉，另一个词则是"Pour-over Coffee"，这个词的重点在冲咖啡时浇灌、倾倒的动作。手冲的时候，手会拿着热水壶，将热水倒进放有咖啡粉的滤杯中，咖啡在滤杯中被萃取，滴落进下方用以盛装液体的玻璃壶。据说，这种咖啡冲煮法最早是由一位名叫梅琳达·本茨的咖啡爱好者发明的。咖啡史上第一杯的手冲咖啡是利用金属滤杯搭配吸墨纸（这张纸还是她从儿子的作业本上撕下来的）制成的。这样一个看似简单的方法，却再度掀起了一次家庭冲煮咖啡的风潮。在梅琳达于 1908 年发明手冲的时候，法式滤压壶早在 1852 年就已经问市了，这两种冲煮器材都成功地过滤掉了扰人的咖啡渣，但是使用了滤纸的手冲因为吸去了咖啡中较多的油脂，让整杯咖啡的风味变得更干净明亮，从而成功吸引了众多的粉丝。时至今日，咖啡厅主流的冲煮方式也是手冲。

反思与评价

1. 冲煮咖啡的定义。
2. 咖啡的冲煮方式有哪些？

—— 课后实践 ——

活动主题：认识咖啡。

请同学们去咖啡厅认识相关咖啡的器具。

任务2 不同萃取率与浓度品鉴

在冲煮咖啡的过程中，咖啡豆里的各种成分借由溶解而释放至水中，我们称为"萃取"。想煮出一杯好咖啡，需要使用正确的方法，适当地萃取出咖啡豆中的油脂与香味量，减少咖啡因与苦涩成分。从一颗咖啡豆到萃取成咖啡液，最后倒入杯中品味，我们需要准确地掌握咖啡的浓度与萃取率。

—— 学习新知 ——

萃取率的定义

咖啡的浓度表示一杯咖啡里，萃取出的咖啡物质占总咖啡液体的比例。咖啡的萃取率是咖啡豆在冲煮过程中保留下来的重量占使用的咖啡豆量的比例。计算公式如下：

咖啡的萃取率 =（浓度 × 咖啡液量）/ 咖啡粉量

通常，咖啡豆约含 30% 的可析出物和 70% 的无法析出的固体纤维。在咖啡中，一般来说最佳萃取率是在可析出物中萃取 60%—70%。小于 60% 会导致萃取不足，咖啡风味将不完整；而大于 70% 则会导致萃取过度，咖啡将呈现出更多不好的味道。

浓度品鉴

在萃取过程中，热水与粉碎后的咖啡豆之间发生着非常复杂的反应。萃取条件一旦发生细微的改变，就会让萃取出的咖啡具有明显的味道变化。咖啡的浓度也有具体的计算方式。计算公式如下：

$$咖啡浓度 = 咖啡萃取物的质量 / 咖啡液的质量$$

"浓"指的是什么？

在咖啡世界中，"浓"是一个有特别定义的术语，它并不仅仅意味着普通的苦味的浓郁或因含咖啡因高而产生的浓郁。我们在这里要注意的是，苦味不是来自咖啡的浓度，苦味源自生豆本身，另外也有烘焙的原因。

有时，苦味也会与焦糊味混淆，这可能是由于咖啡被过度烘焙，或用过高温度的水萃取，还有可能是因为把煮好的咖啡放在咖啡机的加热盘上，保温时间过长。

苦味和烧焦的味道并不能反映出咖啡的浓度，只是表述咖啡味道不太理想。

同时，咖啡因含量高，也不代表它就是味道浓郁的咖啡，只是含有大量的咖啡因而已。

浓郁咖啡的特征

咖啡的浓度高低，是由咖啡中可溶解物质的多少决定的。

咖啡中的可溶解物多，在咖啡浓度高的情况下，人们所感受到的咖啡味道厚重感强，醇厚度高。

"浓咖啡"并非取决于咖啡烘焙时间，而是取决于咖啡的萃取。

咖啡浓度是由冲泡过程中的咖啡粉的研磨与水的比例决定的，手持咖啡壶的人决定了咖啡的好坏。仅仅凭借烘焙的咖啡中的苦味，并不能决定它是否一杯浓郁的咖啡。

大部分咖啡的萃取会使用1:15—1:18的粉水比。如果想尝试对比不同咖啡之间浓度强弱，可以先使用1:18的粉水比冲煮一份咖啡，再使用同种萃取方法，改变粉水比至1:17，保持其他参数不变萃取另一杯咖啡，进行对比品尝。

当咖啡浓度过高时，咖啡味道会过重；虽口感厚重，但甜感不足，酸苦的刺激感强，再好的咖啡也不容易感受它的风味。如我们在品尝粉水比为1:2的浓缩咖啡时，过高的浓度影响了我们对咖啡原有味道的感知力，进而也会影响我们判断咖啡的烘焙程度以及咖啡的整体品质。只有将咖啡稀释之后，才能更轻松地分辨出咖啡的品质。而当浓度过低时，咖啡的酸、甜、苦味都会很弱，风味也不明显，表现为口感单薄。

浓咖啡也会出现萃取不足吗？

浓咖啡或是由低粉水比制作的，或是由咖啡豆研磨度的粗细决定的，但不代表可以完全避免萃取不足。

咖啡豆的可溶解物占整颗咖啡豆的30%，要想萃取出理想的味道，只需要萃取出咖啡中15%—22%的可溶解物。根据不同的豆类和不同的烘焙程度，可以调整萃取参数以萃取出咖啡的最好味道。当咖啡萃取出来的可溶解物低于15%时，即使这杯咖啡只有1∶1.5的粉液比，那这杯咖啡也是萃取不足的，那么就需要相对应地调整咖啡粉的颗粒粗细程度，以达到咖啡的最佳浓度。

—— 知识链接 ——

咖啡风味轮

破解咖啡品质的第二种工具叫作风味轮（Flavor Wheel），这是一套逻辑严谨且系统的咖啡词汇库，能够帮助我们更快速找到想要形容的味道。如果说咖啡风味是一种语言的话，风味轮就像是一部词典。

风味轮由一个色彩丰富的同心圆构成，里面涵盖了近90个形容风味的词。美国精品咖啡协会（SCAA）与世界咖啡研究室（WCR）联手设计了新版风味轮，如图4-2-1所示。

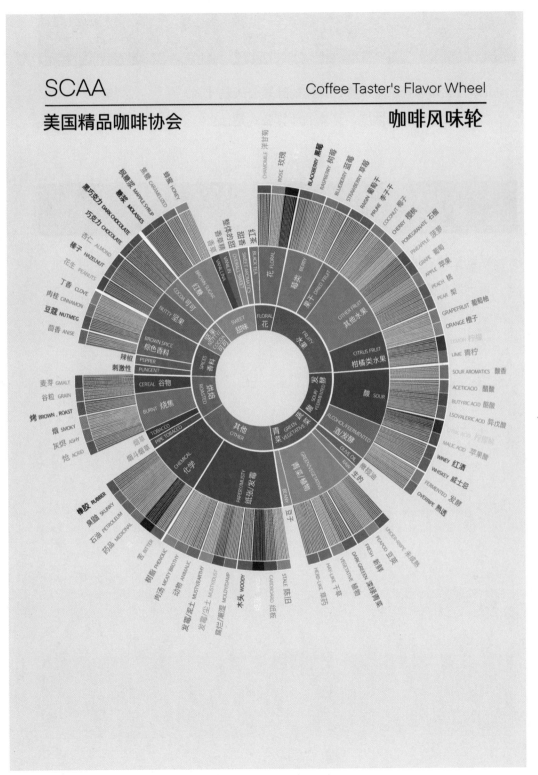

图 4-2-1　新版风味轮

—— 反思与评价 ——

1. 什么是咖啡的萃取率，具体的计算公式是什么？

2. 什么是咖啡的浓度，具体的计算公式是什么？

—— 课后实践 ——

活动主题：认识咖啡。

请同学们说一说不同咖啡浓度的区别。

任务 3 手冲流程

—— 本课导入 ——

说到这种风靡世界的冲泡方式，就会想起一位德国家庭主妇——梅琳达，是她用儿子的吸墨纸当作滤纸，制作了世界上第一杯手冲咖啡。随着精品咖啡文化的崛起，手冲咖啡得到了前所未有的蓬勃发展，成为现代"爱咖"人士的最爱。

—— 学习新知 ——

手冲流程

以萃取一杯三段式手冲咖啡为例，冲煮前的准备事项具体如表 4-3-1所示。

表 4-3-1　萃取一杯三段式手冲咖啡的准备事项

各项指标	衡量标准
粉水比	1：1.5
建议粉量	15 g
最终液重	225 g
研磨度	白砂糖粗细
烘焙度	烘焙度高低
冲煮水温	85—90 ℃
冲煮时长	2 min

具体冲煮流程

具体冲煮流程，如表 4-3-2 所示。

表 4-3-2 具体冲煮流程

操作要领	备注
 折滤纸	拿出一张扇形滤纸，将最厚的一边折起，压平，打开滤纸对齐两条中线，轻轻压一下即可
 称豆、磨豆	首先要用电子计量仪称 15 g 的咖啡豆（1 人量的咖啡是 15 g 咖啡豆，可根据个人情况适当增减），然后放到磨豆机里研磨成粉，注意要调成中度研磨
 湿滤纸	将热水均匀地冲在滤纸上，使滤纸全部湿润，紧紧贴附在滤杯上，然后倒掉分享壶内的热水
 布粉	将磨好的咖啡粉倒入滤杯中，轻轻拍平，并在中间位置点一个凹点，作为热水注入点。待水温达到冲煮所需的温度（85—90 ℃）即可开始冲煮

续　表

操作要领	备注
 第一段注水闷蒸	在 15 g 咖啡粉中注入 30 g 水，从中心开始注水，充分打湿咖啡粉（注意不要淋到边缘），注水开始计时，闷蒸 30 s 即可。闷蒸是为了释放二氧化碳，析出咖啡风味
 第二段注水闷蒸	对准筷子粗细的水流中心，以圆形画圈，注水量达到 125 g（注意不要淋到边缘）时停止注水，待粉层下落 1 cm，开始第三段注水
 第三段注水闷蒸	保持稳定水流，以匀速、圆形画圈，到 225 g 水量时停止注水，待水下沉到露出咖啡粉层，就可以拿开滤杯了，整个冲煮过程需要 2 min 左右

—— 知识链接 ——

冰滴咖啡

冰滴咖啡的制作让咖啡成为一门艺术。冰滴咖啡壶，是通过过滤冷萃制作咖啡的最佳方法之一。在使用冰滴咖啡壶制作咖啡的时候，水流缓缓地通过细腻的咖啡粉，一滴滴地落下，充分吸收了咖啡粉的风味。由于水分有充足的时间吸收咖啡因，咖啡呈现出芳香、清甜的口感。缺点是操作起来比较麻烦，不适合在日常生活中使用，而且萃取的时间可能需要几个小时。这种方式萃取出来的咖啡品质比较高，也常常受到人们的青睐。

—— 反思与评价 ——

1. 制作手冲咖啡的准备工作有哪些?
2. 阐释制作手冲咖啡的具体流程。

—— 课后实践 ——

活动主题：萃取咖啡。

请同学们制作一杯手冲咖啡。

任务 4 金杯的定义与表格的使用

提到一杯"完美"的咖啡，你会想到什么指标呢？好喝？我们当然要以好喝为导向，但是……总会有一些更客观的指标，这就是本节所要讲授的内容。

金杯准则的诞生

20 世纪 50 年代美国国家咖啡协会（NCA）聘请麻省理工学院的化学博士洛克哈特主持咖啡的科学研究工作。洛克哈特研究出咖啡豆能被萃取出来的物质占豆子重量的 30%，其余 70% 为无法溶解的固体纤维。他还研究出一杯咖啡是否美味取决于咖啡萃取率和咖啡液浓度（TDS）。

1952—1960 年，洛克哈特在美国对民众进行抽样调查，得出美国民众对咖啡的偏好是萃取率为 17.5%—21.2%、浓度为 1.04%—1.39% 的咖啡，这是美国金杯准则的雏形。

此后，洛克哈特团队协同美军中西部研究中心共同研究数据和专家杯测，得出了萃取率为 18%—22%、浓度为 1.15%—1.35% 是咖啡的最佳萃取区间。这成了美国精品咖啡协会（SCAA）以及后来的全球精品咖啡协会（SCA）的金杯萃取理论。

金杯萃取准则

金杯萃取准则又以全球精品咖啡协会（SCA）[2017 年美国精品咖啡协会（SCAA）与欧洲精品咖啡协会（SCAE）合并成全球精品咖啡协会（SCA）]的影响最深，简单地说就是在制作手冲咖啡过程中将"浓度"控制在 1.15%—1.35%，使"萃取率"达到 18%—22% 就被认为是在金杯萃取范围内。

金杯萃取准则最著名的莫过于金杯萃取图了，如图 4-4-1 所示。横坐标表示咖啡粉的萃取率，纵坐标表示咖啡液的浓度，而斜线则表示粉水比（粉量／水量）。

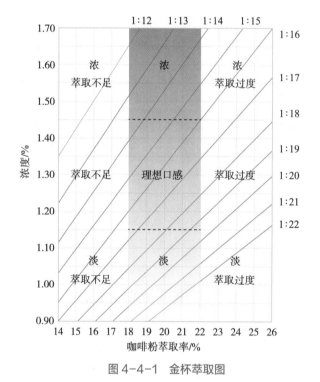

图 4-4-1　金杯萃取图

金杯萃取准则确实为咖啡界做出了伟大的贡献，它为精品咖啡设下了一个参考标准，使咖啡萃取科学化，但这不是唯一标准。它给初入门的咖啡爱好者提供了一个参考基准，但是符合金杯萃取准则的咖啡不一定味道最好，不符合金杯准则的咖啡不一定难喝。关键在于理解金杯萃取准则中比例、浓度和萃取率之间的联系，而不是一味地追求那些单一的数据。

— 知识链接 —

不同国家的金杯萃取准则

美国精品咖啡协会（SCAA）：萃取率为 18%—22%，浓度为 1.15%—1.35%）

欧洲精品咖啡协会（SCAE）：萃取率为 18%—22%，浓度为 1.2%—1.45%。

挪威咖啡协会（NCA）：萃取率为 18%—22%，浓度为 1.3%—1.55%。

巴西咖啡协会（ABIC）：萃取率为 18%—22%，浓度为 2%—2.4%。

可以看出，不同的国家对金杯准则的定义不尽相同，各国对于咖啡的浓度需求是不一样的。唯一可以肯定的是，目前普遍认为咖啡萃取率在 18%—22% 之间萃取出来的咖啡是比较美味的。

— 反思与评价 —

1. 金杯萃取准则是谁提出的？
2. 金杯萃取准则的范围是什么？

— 课后实践 —

活动主题：制作咖啡。

请同学们按金杯萃取准则萃取一杯咖啡。

任务5 影响金杯的萃取因素

"好喝的咖啡"应该有一个标准萃取率和浓度的论点。金杯理论（Gold Cup）这个论点认为"好喝的咖啡"必须同时符合两个条件：萃取率为18%—22%；咖啡浓度为1.15%—1.45%。

金杯的影响因素

即使达到18%—22%的黄金萃取率区间，但这只完成了"金杯萃取准则"的一部分，还要考虑到咖啡浓度的可口区间，才能达到金杯萃取准则的境界。将萃取物溶于多少热水中，这就是咖啡浓度，最适合的咖啡浓度为1.15%—1.45%，小于1.15%则清淡无味，在1.45%以上可能会产生不佳的口感。太清淡或太浓厚均不是好的口感。此外，还有以下影响因素。

咖啡豆密度

咖啡豆密度越低，越容易被萃取；反之，则越难被萃取。

烘焙程度

烘焙程度越浅，越难被萃取；反之，则越容易被萃取。

机器萃取时压力

机器萃取时压力越小，萃取率越低；反之，则萃取率越高。

水温

水温越低，萃取率越小；反之，则萃取率越高。

水质

水质 TDS 值越低，萃取率越高；反之，则萃取率越低。

研磨度

颗粒越大，流速越快，萃取率越低。

粉量

粉量越多，萃取率越低。

时间

时间越长，萃取率越高。

水流

水流越小，萃取率越高（同等时间的前提下）。

—— 知识链接 ——

萃取均匀与萃取不均

萃取均匀

咖啡粉吸收了水分后重量会增加，并形成过滤层，咖啡粉经过这个过滤层就会把味道释放出来。萃取均匀的咖啡，咖啡壁（滤纸边缘的咖啡粉层）比较薄，咖啡液体的色泽饱和、澄澈，呈琥珀色，口感饱满、层次丰富，有甘醇的余韵。由于吸收水分后的咖啡粉密度变高，重量增加，所以会沉淀下来，浮在表面的是绵密的泡沫。萃取充分的情况下，所有咖啡粉都能充分浸泡，形成的咖啡壁较薄。

萃取不均

如果咖啡主要的风味没被萃取出来，则形成的咖啡壁会比萃取完全的咖啡壁厚很多，且有较多的咖啡粉没有下沉，而是浮在表面，甚至有残留的咖啡粉。此时，由于味道释放不充分，所以咖啡品尝起来口感单一，带有涩味。

—— 反思与评价 ——

金杯的影响因素有哪些?

—— 课后实践 ——

活动主题：制作咖啡。

请同学们想一想还有哪些因素会影响金杯的萃取。

任务 6 设计冲煮萃取——以耶加雪菲为例

── 本课导入 ──

　　影响一杯好咖啡的因素有很多，为了萃取出完整的咖啡，浓度与萃取的平衡很重要。因为一旦改变平衡，对于最终产物就会产生显著的影响。可容许的最高浓度范围是咖啡粉为 1.0%—1.5%、水量为 98.5%—99.0%。咖啡浓度低于 1% 时，味道会过淡；高于 1.5% 时，味道则会太浓。另外，可接受的最高萃取率范围是 18%—22%，低于 18% 时为萃取不足，会产生花生味或青草味。相对地，若是萃取过度，超过 22%，则会产生轻微苦味或涩味。选择适当的咖啡粉与水的比例，并调节各项影响因素显得十分重要。下面以耶加雪菲咖啡豆为例，来展开本课的内容。

── 学习新知 ──

耶加雪菲

　　这款咖啡，来自埃塞俄比亚耶加雪菲沃卡村。水洗式处理的咖啡风味中没有野性风味，具有纯净、清爽的特质。在做杯测时，整款咖啡有着非常活泼的柑橘酸质，以及非常明显的水果风味和焦糖甜感。经过测试，它的烘焙温度为 70—80 ℃。这样的烘焙色值会让咖啡有着更加明显的风味结构，同时带有非常好的甜度。

器具选择

器具选择，如表 4-6-1 所示。

表 4-6-1 器具选择

操作要领	备注
 滤杯	V60 Switch 滤杯 当关闭阀门时，它处于浸泡状态，这可以延长水和粉的接触时间，从而萃取这阶段的明亮酸质和水果风味。而打开阀门时，锥形滤杯能让咖啡风味层次更突出，口感清晰通透。搭配这样的滤杯，配合山泉水，可以萃取出咖啡当中更多的风味和甜感
 磨豆机	C40 手摇磨豆机 研磨刻度为 28 时，可达到最棒的风味强度和口感

具体冲煮流程

具体冲煮流程，如表 4-6-2 所示。

表 4-6-2 具体冲煮流程

操作要领	备注
 取粉	取 18 g 的咖啡粉

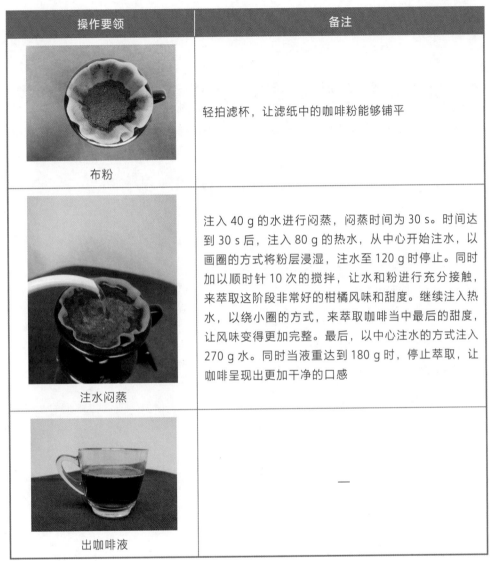

操作要领	备注
布粉	轻拍滤杯，让滤纸中的咖啡粉能够铺平
注水闷蒸	注入 40 g 的水进行闷蒸，闷蒸时间为 30 s。时间达到 30 s 后，注入 80 g 的热水，从中心开始注水，以画圈的方式将粉层浸湿，注水至 120 g 时停止。同时加以顺时针 10 次的搅拌，让水和粉进行充分接触，来萃取这阶段非常好的柑橘风味和甜度。继续注入热水，以绕小圈的方式，来萃取咖啡当中最后的甜度，让风味变得更加完整。最后，以中心注水的方式注入 270 g 水。同时当液重达到 180 g 时，停止萃取，让咖啡呈现出更加干净的口感
出咖啡液	—

这款咖啡的风味：中高温时，你可以感受到茉莉花香、甜橙以及蜂蜜的味道，强度为中等；中温时，则是西柚和蜂蜜的味道，强度为中等；低温时，则是柑橘和焦糖味，强度为中等，并且有着非常清晰的风味指向。所以稍微静置一会儿再给顾客饮用。咖啡在高中低温时都体现出明显的蜂蜜柚子茶风味和焦糖尾韵，且可保持很久，同时这款咖啡有着顺滑干净的口感、中等的重量感。在酸质方面，从高温到低温，由明亮活泼的西柚转变为柔和的橙子，酸质明亮，回甘明显，让它有着顺滑的果汁般口感，并且在温度的变化下焦糖余韵依旧明

显。就是这样一款有着清晰风味架构、酸甜平衡、口感干净的咖啡，不禁让人联想到这是一杯轻盈圆润的水果汁。

☕

—— 知识链接 ——

精品咖啡产区

咖啡豆的味道和品质会随着产地与品种的不同，呈现出不同的风味，以下就常见的精品咖啡产区及其特色做一个介绍。

1. 印度尼西亚

代表品种：爪哇（Java）、苏门答腊曼特宁（Sumatra Mandheling）

风味特色：香气浓厚，酸度低。

2. 埃塞俄比亚

代表品种：耶加雪菲（Yirgachefle）

风味特色：独特的茉莉花香、柑橘香。

3. 肯尼亚

代表品种：肯尼亚AA（Kanya AA）

风味特色：香气强烈，酸度鲜明。

4. 巴西

代表品种：圣多斯（Santos）

风味特色：味道均衡，带坚果香气。

5. 哥伦比亚

代表品种：哥伦比亚（Colombia）

风味特色：浓稠厚重，风味多样。

6. 危地马拉

化表品种：安提瓜（Antigua）

风味特色：微酸，香浓甘醇，略带碳烧味。

7. 牙买加

代表品种：蓝山（Blue Mountain）

风味特色：口感温和，滋味均衡圆润。

8. 尼加拉瓜

代表品种：玛拉哥吉培（Munpgype）

风味特色：口感清澈，香气饱满。

9. 哥斯达黎加

代表品种：塔拉苏（Tarazu）

风味特色：酸度精致，层次丰富，带有柑橘、花卉香。

10. 巴拿马

代表品种：瑰夏（Geisha）

风味特色：口感均衡柔顺，有柠檬、柑橘果香。

—— 反思与评价 ——

影响咖啡风味的因素有哪些?

—— 课后实践 ——

活动主题：制作咖啡。

请同学们设计一款咖啡进行萃取。

扫一扫，获得项目四题目和答案

项目五　浅识咖啡豆烘焙

任务1：烘焙基础概论
任务2：认识烘焙机
任务3：烘焙过程物理及化学分析
任务4：基础烘焙
任务5：烘焙度分辨与风味检测

任务1 烘焙基础概论

从淡而无味的生豆，到杯中余味无穷的香醇咖啡，烘焙是每一颗咖啡豆在漫长的旅行中，勾画性格、孕育香味极重要的一个步骤。咖啡豆在这场长约20 min、温度高达200 ℃、与火的热切对话中，历经多次化学变化。

请同学们在闲暇时寻访咖啡店，品尝一款咖啡，向店家了解制作此款咖啡所用的咖啡豆及烘焙度等信息，制作此款咖啡专属的名片。

咖啡烘焙的起源

埃塞俄比亚人最早发现咖啡，但是刚开始的时候他们只知道嚼食咖啡种子和树叶。13世纪初期，据说伊斯兰教徒沙兹里发明烘焙法，并将烘焙豆研磨成粉，煮出了人类的第一杯咖啡。

沙兹里是伊斯兰教苏菲派沙兹里教团的创始人，传说幼年因勤奋读书，竟致双眼失明。他曾经流亡埃及，并到各伊斯兰教圣地朝觐，后死于途中。他的信徒也以托钵僧的方式，苦行于阿拉伯半岛。于是，在不知不觉中，咖啡跟着传播了出去。那些苦行僧最远曾到达西班牙，那里至今还存在着沙兹里教团。在阿尔及利亚，点一杯沙兹里，就是买一杯咖啡的意思。

阿拉伯人最早掌握咖啡的烘焙几乎已是公认的事实，因此才会有沙兹里的传说。不过，也有人认为这可能只是一个不经意的发现。据说，古时也门或埃塞俄比亚的农民在炊煮食物时，无意间发现火烤后的咖啡豆会发出奇特的香味，再经过有心人的注意与后续的发展，渐成今日烘焙咖啡的原型。所以，咖啡的烘焙可能只是偶然的发现，这种说法已被许多历史学家接受。

咖啡烘焙的概念

咖啡的烘焙是一种高温的焦化作用，通过高温的淬炼，使生豆内部成分转化，其中的蛋白质与糖分不断产生新的化合物，并重新组合，形成香气与醇味。咖啡生豆通过烘焙，呈现出咖啡独特的颜色、香味与口感。每一颗咖啡豆都蕴藏着香味、酸味、甘甜、苦味。在咖啡烘焙中，我们主要关注"焦糖化反应"和"美拉德反应"。

简单来讲，咖啡烘焙就是给咖啡豆提供热量，使其内部产生一系列的复杂变化。

在咖啡的处理过程中，烘焙是最难的一个步骤，它是一门科学，也是一门艺术。所以，在欧美国家，有经验的烘焙师极受尊重。

烘干

在烘焙初期，生豆开始吸热，内部的水分逐渐被蒸发。这时，颜色渐渐由青绿色转为黄色或浅褐色，并且银皮开始脱落，可闻到淡淡的香草味。这个阶段的主要作用是去除水分，约占烘焙时间的一半。水是很好的传热导体，有助于烘熟咖啡豆的内部物质。所以，虽然烘焙的目的在于去除水分，但烘焙师却要善用水的温度，并妥善控制，使其不会蒸发得太快。

高温分解

烘焙温度达到 160 ℃左右时，咖啡豆内的水分会蒸发为气体，开始冲向咖啡豆的外部。这时，生豆的内部由吸热转为放热，第一次出现爆裂声。在爆裂声之后，又会转为吸热。这时，咖啡豆内部的压力极高，可达到 25 Pa。高温与压力开始解构原有的组织，形成新的化合物，造就咖啡的口感与味道。烘焙温度达到 190 ℃左右时，吸热与放热的转换再度发生。当然，高温裂解作用仍在持续发生，咖啡豆由褐色转成深褐色，渐渐进入重烘焙阶段。

冷却

咖啡豆在烘焙之后，一定要立即冷却，冷却使其迅速停止高温裂解作用，将风味锁住。否则，豆内的高温仍在发生作用，将会烧掉芳香的物质。冷却的方式有两种：一为气冷式，二为水冷式。

气冷式需要大量的冷空气，在3—5 min内迅速为咖啡豆降温。在专业烘焙领域里，大型的烘焙机都附有一个托盘，托盘里还有一个可旋转的推动臂；在烘焙完成时，豆子底部的风扇会立刻启动，吹送冷风，并由推动臂翻搅咖啡豆，进行冷却。气冷式速度虽慢，但干净而不受污染，能保留咖啡的芳醇，多为精品咖啡业者所采用。

水冷式的做法是在咖啡豆的表面喷上一层水雾，让其温度迅速下降。由于喷水量的多少很重要，需要精密的计算与控制，而且喷水会增加烘焙豆的重量，一般用于大型的商业用途。

咖啡烘焙的程度

国内外咖啡界至今尚未取得统一的烘焙度标准，可谓"各家一把号，各吹各的调"。美国市场虽然以"肉桂烘焙"（Cimamon Roast，或称"极浅焙"）、"城市烘焙"（City Roast，或称"浅焙"）、"全城市烘焙"（Full City Roast，或称"中深焙"）、"北意烘焙"（Northern Italian Roast，或称"深焙"）、"南意烘焙"（Southern Italian Roast，或称"重焙"）、"法式烘焙"（French Roast，或称"极度深焙"）等为主，由浅入深来辨识咖啡的烘焙度，但仍缺乏确切的数据标准，如图5-1-1所示。

由于烘焙度的不同，咖啡体现出的风味也天差地别。一种咖啡生豆，烘焙师也许会花大量的时间研究和实验，以找出其最佳的烘焙度，他们每次烘焙后都需要进

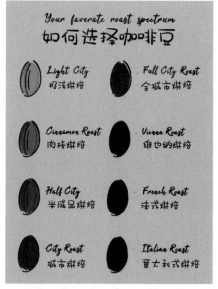

图5-1-1　八阶段烘焙程度图

行杯测，再反过来对烘焙度进行调整，不断实验，不断调整，所以对于初学者来说，掌握烘焙度真不是一件容易的事。

烘焙对风味的影响

烘焙对于咖啡的重要性可能超乎一般人的想象，每一种咖啡豆都有最适合的烘焙深浅程度，有的范围很窄，有的却很宽。大体而言，烘焙对于风味的影响走向是：烘得浅，香气会比较奔放，质感会比较干净，而且酸味的表现会很出色；烘得深，香气会比较内敛，质感会比较厚重，而且甘甜味会被凸显，但是没有处理好的话则会出现恼人的苦味。所以烘焙的深浅程度必须符合咖啡豆本身的特性。

加热生豆时，会同时产生物理变化与化学变化，其中化学变化与风味最密切相关。当热能进入咖啡豆时，如果里面的物质被拆解，就称为"热解作用"；如果里面的物质被组合变成其他物质，就称为"热聚合作用"。虽然在咖啡的世界里，从生豆到熟豆，形状不会改变太多（顶多因为加热颗粒变大一点），但是从化学的角度来看，生豆跟熟豆在成分上却有着天壤之别。

烘焙咖啡豆就像火烤玉米粒一样，随着温度上升，玉米粒无法承受内部的压力时就会爆裂。烘焙咖啡豆会有两次爆裂：第一次爆裂时，你会听到咖啡豆发出"毕毕剥剥"的声响，接着沉寂一小段时间，到了第二次爆裂时，你会再一次听到与第一次爆裂类似但比较闷的爆裂声。从第一次爆裂开始，到超越燃点咖啡豆烧起来之前，这期间咖啡豆会呈现出各种不同的性状，我们用"烘焙的程度"来为这些性状做一个定义。

在味道上，浅烘焙的咖啡有明显的酸味，这与咖啡豆里面的酸味物质还没有被热解有关。如果用时间线来表示，就可以发现酸味的物质比苦味的物质更早出现，但是随着烘焙度越来越深，酸味就会被分解甚至消失。苦味的物质则相反，它必须等到烘焙度足够深时才会开始生成，并且越来越苦。在口感上，烘焙度深的咖啡豆，口感比较厚实，反之则口感比较清爽。

咖啡有多少种风味？

咖啡有多少种风味？众说纷纭，在网络上你可以找到很多种答案。其实之所以有那么多种答案，主要是因为咖啡在每个阶段的香气物质数量不同。就像刚才提到的，烘焙时咖啡豆的香气就有 1000 种，但大部分香气会随着烘焙度的加深而挥发掉。根据《咖啡风味化学》中利用科学仪器所测量的结果，生豆的香气物质大概有 300 种。虽然有很多咖啡豆在烘焙过后因为热能增加而产生了香气物质，但这些香气物质大部分不溶于水，无法萃取，就像很多时候闻到的咖啡豆香气不见得跟实际喝到的一样，所以真正在你"杯中"的香气差不多是 300 种。不过"300"这个数字是仪器测量的数据，如果仅计算通过人的感官可以感知的香气，大约是 100 种。但就算如此，真正被使用于产业里的风味只有 36 种，也被称为"咖啡 36 味"。

这套风味是根据全球精品咖啡协会（SCA）——当时被称为"美国精品咖啡协会"（SCAA）推出的一套咖啡风味分类系统来分类的，这套系统大大促进了 20 世纪 70 年代刚刚起飞的精品咖啡产业的发展。为什么会这样说呢？你想想看，在还没有将咖啡拿来品味的年代，形容咖啡风味的词汇一定是非常匮乏的，人们只能形容一杯咖啡"好喝""难喝""有异味"……那个时代的人们亟欲建构一套属于咖啡的通用语言，来记录每一杯咖啡里的味道，以便与其他人交流。

1922 年，威廉·乌克斯写了一本咖啡百科全书《咖啡简史》（*All About Coffee*）——这位美国作家后来又出了一本更为人知晓的《茶叶全书》（*All About Tea*），里面记录了当时用来叙述咖啡风味的词大概只有 20 种。虽然这本书主要是考证当时人们所煮的咖啡以及知名历史人物有关咖啡的奇闻逸事，但你可以从乌克斯的笔下清楚地了解到当时根本没有人在乎咖啡有怎样的细腻风味。

"咖啡 36 味"参考葡萄酒产业里面的"红酒 54 味"设计而成，把常喝到的咖啡风味分成 4 组，每组 9 种味道，总共 36 味。说句玩笑话，一般人大概只要记住里面 1/3 的味道，并将其准确使用在咖啡上面，应该就会被视为"懂行"的玩家了。

—— 反思与评价 ——

1. 咖啡烘焙的起源有哪几种？
2. 简述咖啡八阶段烘焙程度。

—— 课后实践 ——

活动主题：烘焙基础思维导图。

手绘一张本任务的思维导图，可以用图进行辅助。

任务2 认识烘焙机

咖啡烘焙机的热能来源有电力、燃气、柴油和太阳能4种，美国已有从业者为倡导环保，推出用太阳能烘咖啡，但中国尚未出现太阳能烘焙机。中国目前主要以电力和燃气烘焙机为主，根据炉内的导热方式可分为三种：（1）金属导热，即直火式烘焙机；（2）金属导热与热气流导热相辅相成的半直火式，又称半热风式烘焙机，是目前使用最广泛的机种；（3）现代感十足的热气流或气动式烘焙机，不需借助金属导热，全依靠热气流高效率导热。目前全球以第二种半直火式烘焙机最普遍，但第三种热气流式烘焙机最省工时，咖啡豆的失重比最低，能获得最大的经济效益。

烘焙机三大导热方式

在开始烘焙之前，要先知道烘焙的方式，这是因为不同的烘焙方式会产生不同的风味，而且时间与温度曲线也大不相同，了解之后便可以选择适合自己的方式来烘焙专属的咖啡豆，甚至自行设计专属的咖啡豆烘焙机。

烘焙根据导热方式的不同，可以分成以下3种，如图5-2-1所示。

气流式

简单地说，气流式的烘焙机就像吹头发的吹风机，用风扇吸入空气，再让

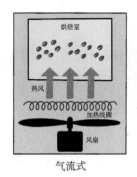 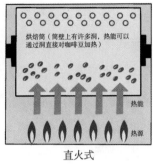 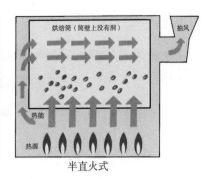

图 5-2-1　烘焙机三大导热方式

空气通过一个加热线圈使其温度升高，利用热气流作为加热源来烘焙咖啡豆，热气流不但可以提供烘焙时所需要的温度，也可以利用气流的力量翻搅咖啡豆，一举两得。

气流式烘焙的优点是加热效率高，所以烘焙时间短，一般 5—8 min 就可以完成烘焙，大型烘焙工厂喜欢采用这种方式就是因为看中了这个优点。但它的缺点是加热效率太高、升温过快，很容易导致咖啡豆外层的烘焙程度已经达到要求，而中心处却还不足。另外，因为烘焙时间太短，所以焦糖化可能会不充分，这是用气流式烘焙要特别注意的地方。若是技巧控制得当，用气流式烘焙出来的咖啡豆在香味上的表现将会相当优异，这是许多人偏爱气流式的主要原因。

直火式

顾名思义，直火式就是用火焰直接对咖啡豆加热。演变至今，直火的"火"除了一般的火焰（包括燃气炉火与炭火），还包括红外线与电热管。因为少了可以搅拌咖啡豆的气流，所以直火式烘焙通常需要借助外力来翻搅咖啡豆。直火式烘焙升温不快，一批咖啡豆烘下来需耗时 10 min 以上。由于升温较慢，所以咖啡豆的焦糖化会很充分，风味较气流式更为复杂。而这正是直火式的最大优点。

用燃气或是炭火烘焙的时候要注意控制火与咖啡豆的距离，尽可能不要让火焰直接接触到咖啡豆，否则不但咖啡豆容易有焦痕，喝起来也会有焦苦的感觉。

半直火式

半直火式是结合了直火式与气流式优点的烘焙方式，为目前商业烘焙机器的主流。半直火式烘焙其实与直火式烘焙类似，但是因为烘焙容器的外壁上没有孔洞，所以火焰不会直接接触到咖啡豆。此外，由于半直火式烘焙机加上了抽风设备，因此能将烘焙容器外面的热空气导入烘焙室中，从而提升烘焙效率。这个抽风设备的另一个功能则是将脱落的银皮（附着于咖啡种子外层的薄膜）吸出来，避免银皮在烘焙室里因为高温而燃烧，进而影响咖啡豆的味道。

烘焙机的机种类型

陶瓷烘焙器或平底锅

直火式的器具最简单，可以是平底锅，或是日本制的长柄陶瓷烘焙器。陶瓷烘焙器成封闭式，有焖煮的效果，能烘焙出滋味鲜美且口感复杂的咖啡，它的口味最自然，而且厚实。目前在日本以外的地区，也可以买到这种陶瓷烘焙器。平底锅效果不佳，因此不建议使用这种器具。

陶瓷烘焙器的烘焙方法很简单，首先将生豆放入锅里，然后手持长柄在瓦斯炉上不断摇晃。烘焙者可以自己控制火力的大小，掌握烘焙时间。这种工具的缺点是没有热风吹掉生豆的银皮与碎屑，较容易有杂味；此外，它也没有冷却功能，烘焙后得将豆子倒入篮子里，自己用扇子或电扇来冷却，较麻烦些。

爆米花机或热风式家用烘焙机

爆米花机本来是爆米花用的，后来有人用来烘焙咖啡豆，且效果尚佳，曾经风靡一时。它的缺点是：没有收集碎屑的功能，热风吹得碎屑到处飞扬，事后须费工夫清理；加热速度太快，4—5 min 便可听到第一次爆裂声，水分没有完全蒸发，口感不够饱满，略微偏酸。爆米花机一次可以烘焙 100 g 的生豆，不足或超出太多便无法烘焙。它没有自动停机的功能，使用时要在一旁照看，否则可能会烧掉整锅咖啡豆。

热风式家用烘焙机有收集碎屑及冷却的功能，能产生干净的烘焙豆。理想的烘焙度设定能判断温度，然后自动停止烘焙。不过，这些机器的烘焙度设定功能只是一个计时器而已，时间到了，便自动切换到冷却阶段。由于冬天与夏天的气温相差很多，烘焙咖啡所需的时间也不同，设定烘焙度时可能会相差一个以上刻度。

滚筒式家用烘焙机

传统的烘焙机都是滚筒式，由火源烘烤不停转动的滚筒。这种烘焙方式具有焖烧的特性，会使咖啡豆风味变得较老成，口感较饱满，与陶锅的效果相似。使用时，只要放入生豆，设定烘焙度，按下启动按钮即可，从烘焙到冷却均自动完成。这种机器的烘焙度设定功能也只是一个计时器而已，时间到了便会自动切换到冷却阶段。因此，若想要重烘焙的咖啡豆，应适度减量。另外，它的碎屑收集功能只是底部有一个小盘子，让碎屑与银皮自动掉落到盘子里，并没有热风吹赶碎屑，因此，烘焙豆的碎屑很多，建议用铁网筛除碎屑，否则会产生较多的杂味；同时，内部的死角较多，焖烧的烟雾容易留下油污，事后的清洁工作很费时间。

大型热气式烘焙机

规模较大的烘焙厂多半采用计算机控温的高效率热气式烘焙机。这种机器的最大特色是无烟烘焙，也就是烘焙、冷却与除烟焚化炉均整合在机体内的密闭空间里，使室内的烟害降至最低，而且附有自动清洁与管线除污功能。目前最先进的热气式烘焙机仍主攻浅焙至中深焙，对于失重比超出18%的重焙豆，采用半直火式效果较佳。

烘焙机的构造

以HB烘豆机（600 g）为例，如图5-2-2所示，在烘焙机控制面板上有4个按钮，从左至右分别为"开关""火力""时间""风力"。显示屏上会显示当前"烘焙的时间""锅炉的温度"等数据。不同的豆子都会有相对应的烘焙时间、烘焙温度及刻度，我们把这些信息称为"咖啡豆的烘焙曲线"。

在按钮下方，还有一个旋钮，上面的刻度为"+"到"-"，表示风门控制的程度；在"烘豆仓"的下方有一个类似于直尺的抽拉杆，我们称之为"吸气温度控制器",它所表示的是仓内的气压。在"烘豆仓"的右侧有一个手把样的开关,我们称之为"出豆仓开关",把开关往后一拉,烘焙完成的熟豆就可以从这个开关处出来,直接落在"接豆仓"。在"烘豆仓"的上端有一个漏斗样的装置,我们称之为"续豆仓",所有的生豆从这个装置进入"烘豆仓"中,在"续豆仓"的下端有一个"阀门",这个"阀门"也就是生豆从"续豆仓"中到"烘豆仓"中的开关。"阀门"一打开,豆子就进入"烘豆仓"中进行烘焙。

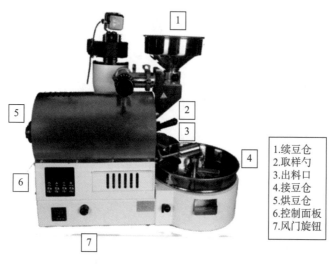

1.续豆仓
2.取样勺
3.出料口
4.接豆仓
5.烘豆仓
6.控制面板
7.风门旋钮

图 5-2-2　HB 烘豆机（600 g）

☕

—— 知识链接 ——

从操作的简易与操作熟练程度对咖啡豆品质的影响来看,气流式最容易烘出品质稳定、深浅均匀的豆子。无论采用哪种方式,请把握以下几大原则。

（1）脱水要完全：烘焙初段稳定而缓慢升温是脱水完全的不二法门,当青草味转变成面包味（或是奶油味）的时候就是脱水完成了。

（2）温度要稳定：火力不忽大忽小,温度才能稳定上升。若采用浅度烘焙,第一爆的过程更需要让温度维持稳定,不要让温度升高太多;若采用深度烘焙,则在脱水完成之后,要用较陡的升温曲线快速达到所需的烘焙深度。

（3）冷却要迅速：咖啡豆烘焙完成之后要以最快的速度出豆，同时强制进行冷却，避免咖啡豆利用本身的余热继续烘焙而超出预定的烘焙深度，也可以防止咖啡豆风味的流失。

（4）记录要真实：完整与真实的烘焙记录有利于错误的修正，在烘焙出成功的咖啡豆之后，只要依照所记录的数据操作便不难再次烘焙出成功的咖啡豆。

1. 咖啡烘焙机有哪些类型？
2. 学了这个任务后，你的体会是什么？

活动主题：标注烘焙机各部件的名称。

任务3 烘焙过程物理及化学分析

咖啡从生豆经过烘焙变成熟豆的过程相当戏剧化，若没有经过烘焙，咖啡不会出现我们所熟知的香味，也不会在味蕾上绽放复杂的口感。咖啡豆在还未烘焙之前闻起来有一股生生的青草味，有些进行过干燥处理的生豆甚至还有一种发酵的臭味。生豆经过烘焙变成熟豆的过程称为"焦糖化"，在焦糖化过程中，咖啡豆里面的糖类、脂肪、蛋白质与氨基酸等物质开始相互作用并且结合，结果就是从生豆中的 200 多种物质到最后产生超过 800 种物质，大家所熟知的咖啡香味就是焦糖化之后所产生的类黑色素的味道。

烘焙阶段

第一阶段：去除水分。

咖啡生豆含水量为 7%—11%，均匀分布于整颗咖啡豆中，水分较多时，咖啡豆不会变成褐色。这与制作料理时让食物褐化的道理一样。

第二阶段：转黄。

多余的水分蒸发后，咖啡豆褐化反应就开始了。这个阶段的咖啡豆结构仍然非常紧实且带着类似印度香米及烤面包的香气。

第三阶段：第一爆。

褐化反应开始加速，咖啡豆内开始产生大量的气体，大部分是二氧化碳，还有水蒸气，出现爆裂声。

第四阶段：风味发展阶段。

第一爆结束之后，咖啡豆表面看起来较为平滑，但仍有少许褶皱。

第五阶段：第二爆。

在这个阶段，咖啡豆再次出现爆裂声，不过声音较细微且更密集，爆裂的时间也会缩短。

烘焙的物理变化

烘焙咖啡豆的过程，是咖啡豆经历高温焙制，发生一系列物理和化学变化，获得色、香、味，形成风味油脂的过程，就像是天使降落凡间，变得与人亲近的神奇历程。其间既有大量的物理变化，也有很多复杂甚至还不为人知的化学变化。随着消费者对咖啡风味、口感的要求越来越高，咖啡的每一个加工环节都被分解、放大、揣摩；随着现代科学技术的日趋成熟，大家意识到咖啡烘焙过程中蕴藏着无穷的奥秘，烘焙技术水准对咖啡饮品的最终品质起着重要的作用。

下面我们来看看咖啡烘焙过程中的物理变化。

颜色加深

咖啡豆颜色由黄绿色变成浅褐色，然后再逐渐向褐色、棕褐色、黑色的方向发展。这是一系列褐变反应的结果，比如生豆中的淀粉转化为糖分，糖分又进一步焦化。颜色的变化是我们最容易观察到的烘焙现象，因此描述也最多。烘焙度分析仪，如图5-3-1所示。它通过向咖啡豆表面发射并接收红外线反射光线来确定咖啡豆当前所处的烘焙程度。烘焙程度越深，咖啡豆颜色越深，吸光性越强，反射光越弱，

图 5-3-1　烘焙度分析仪

Agtron 数值越小。反之，烘焙程度越浅，咖啡豆颜色越浅，吸光性越弱，反射光越强，Agtron 数值越大。咖啡师可以通过标准烘焙色板（Agtron Roast

Classification System) 来对烘焙程度进行确定。

需要说明的是，Agtron 烘焙色值只是烘焙辅助技术之一，无法做到更多。

两份同一款咖啡豆烘焙至相同的 Agtron 烘焙色值，但由于烘焙曲线上的差异，也会有不同的风味特性和感官体验。专业烘焙时不仅需要比照色泽，还需要将嗅闻香气、聆听爆声、计算时间、分析曲线等方法加以综合运用。

失水减重

咖啡豆中富含水分，分为游离状态的自由水和锁定在细胞内、与有机固体物吸附结合的结合水，后者是咖啡豆各个细胞的组成成分和良好溶剂。在咖啡豆烘焙加热过程中，从自由水开始再到结合水都逐渐丧失，导致咖啡豆重量减轻 10%—20%。

体积膨胀

随着烘焙的进行，水分、二氧化碳等开始大量溢出，这会导致咖啡豆体积有 50%—100% 的膨胀。

质地松脆

随着烘焙的进行，咖啡豆原有的紧致纤维结构发生膨胀变化，部分构成细胞壁的纤维质也会在反应中消耗掉，形成大量在显微镜下可以看到的孔洞，水分、二氧化碳和挥发性芳香物质都顺着这些不规则的通道溢出，使得原来密致坚实的咖啡生豆变得焦脆易碎——在放大镜下观察的话，能够看到明显的海绵、活性炭或蜂窝状结构特征——氧气也能通过这些通道来入侵，迅速劣化咖啡风味。

烘焙的化学变化

咖啡烘焙的过程也是发生一系列化学变化的过程，从宏观来讲是有新物质生成，从微观来说则是要发生化合、分解、置换和复分解等化学反应。接近咖啡熟豆总重量 30%、超过 1000 种化合物都是在烘焙时生成的，这其中约 850 种挥发性物质已被鉴定出来，我们能够通过感官感受到。

发生化学变化的过程伴随着复杂的热传递，这个过程既有大量吸热反应，也有不少放热反应。美拉德反应、降解反应、热解反应、焦糖化反应、水解反应、氧化反应和脱羧反应是烘焙师需要关注的主要化学反应。

研究发现，当咖啡烘焙过程中一爆与二爆开始时间的比值固定时，形成的羰基化合物（醛、酮、酯、羧酸、羧酸衍生物等均是羰基化合物）的种类非常相似，只是浓度上有差异。而当咖啡烘焙过程中两次爆裂开始时间的比值发生变化时，形成的羧基化合物的种类和浓度都会发生显著变化。因此，咖啡烘焙过程中一爆与二爆开始时间的比值是影响咖啡风味的关键因素。

我们来看几种特别重要的化学反应。

美拉德反应

美拉德反应，又叫梅纳反应，是指如糖类等含羰基化合物（碳水化合物）与如氨基酸（蛋白质）等含氨基化合物通过缩合、聚合而生成蛋白黑素的非酶褐变反应（此类反应得到的是棕色产物且不需酶催化），是咖啡烘焙中生成大部分可挥发性芳香气体的原因所在。

美拉德反应过程非常复杂，需经历前期、中期和末期 3 个阶段。其中，前期反应主要包括羰氨缩合和分子重排；中期反应主要表现为分子重排产物的进一步降解，生成羧甲基糠醛等；末期反应是中期反应产物进一步缩合、聚合，形成复杂的高分子色素。实验证明，控制前期的羰氨缩合反应对控制整个美拉德反应的意义巨大。

幸运的是，美拉德反应在咖啡烘焙过程中贡献的几乎都是令人愉悦的反应。咖啡豆焙制到 160—230 ℃之间时发生的美拉德反应会生成大量的气体（如二氧化碳），它们在咖啡豆细胞内不断积聚能量，这些能量积累到一定阶段后将冲破咖啡豆细胞壁进行集中释放，即我们所说的一爆。

焦糖化反应

糖类尤其是单糖类，在没有氨基化合物存在的情况下，加热到熔点以上时，会因发生脱水、降解等而发生褐变反应，这种热解反应被称为焦糖化反应，又叫卡拉密尔作用，咖啡烘焙过程中的焦糖化反应大约自 171 ℃开始进行。焦糖化反应的进行会减少咖啡甜味、增加咖啡苦味，我们经常说浅焙咖啡更甜、深焙咖啡更苦便与此有关。

焦糖化反应有两种反应方向：一是经脱水得到焦糖等产物，二是经裂解得到挥发性的醛类、酮类物质，这些物质还可以进一步缩合、聚合，最终得到一些深颜色的物质。这些反应在酸性、碱性条件下均可进行，但在碱性条件下进行的速度要快得多，也是一种非酶褐变反应。焦糖化反应产生的糖的裂解产物具有特殊的焦甜香风味。

干馏

干馏（Dry Distillation）又叫碳化或焦化，是在隔绝空气条件下受热分解而发生的复杂反应过程，会生成各种气体和固体残余。我们获得焦炭和煤焦油就是对煤干馏的结果。咖啡烘焙时发生的干馏并未完全隔绝空气，因此只能算作一定程度上发生的低温干馏。偏深度烘焙时较多散发出来的树脂香、碳香、香料馨香等均与此有关。

—— 知识链接 ——

时间—温度曲线

烘焙的时候建议每隔一段时间便记录下对应的温度，间隔时间可以依各自习惯，如 30—60 s 不等；除了温度之外，一、二爆开始与结束时间也是不可或缺的记录。根据这些数据可以整理出一条"时间—温度"曲线，这条曲线是烘焙的重要参考数据，只要控制火力大小就可以改变这条曲线的斜率（其实就是温度上升的速率），而不同的斜率所烘烤出来的咖啡豆风味也各有千秋——即使是同一批咖啡豆。所以如果对于这次烘烤的味道不满意，就可以根据所记录的温度—时间曲线进行修改，慢慢调整至自己最满意的味道。

经验告诉我们，用较小的火力把烘焙的时间拉长，所得到的味道会很柔顺，许多口感上的棱角会被磨得更圆滑；而烘焙时间较短时则会有出色的香气表现，特色也比较容易被凸显。其实，没有所谓绝对正确的烘焙时间，当中的取舍完全看各自喜好，只要多烘焙几次就可以找出最适合你喜好的时间。

—— 反思与评价 ——

1. 咖啡烘焙过程要经历哪些阶段?
2. 咖啡烘焙过程中会产生哪些物理变化?

—— 课后实践 ——

活动主题：搜索烘豆视频。

通过网络平台，搜索咖啡烘豆视频，对应烘焙过程的 5 个阶段，进行分解备注。

任务 4 基础烘焙

尽管咖啡豆富含上千种芳香成分，但是烘焙不得法，也唤不醒咖啡豆的前驱芳香物，再好的咖啡豆也是枉然。有时咖啡烘焙要借助科学的辅助，科学无法解释时，就要靠第六感与经验值补足。少了科学的烘焙，熟豆质量始终不一；少了艺术的烘焙，熟豆风味始终单调。只有对咖啡烘焙保持高度热情和坚持，才能驾驭千变万化的烘焙过程。

意式咖啡豆烘焙

【材料器具准备】

意式咖啡豆烘焙材料与器具，如图 5-4-1 所示。

扫一扫，获得意式咖啡豆烘焙视频

（a）水洗巴西咖啡生豆　　　（b）电子秤　　　（c）烘豆机

图 5-4-1　意式咖啡豆烘焙材料与器具

以水洗巴西咖啡豆为例，取 300 g 生豆作为烘焙样品，600 g 是烘焙机的最高入豆量。

打开火力

火力打开后，将烘焙机的燃气点燃，把火力调整到 3 刻度，对烘焙机进行预热，预热20 min 左右，将温度升到200 ℃，将火力关闭。等待仓内温度降到150 ℃左右，再次将火力打开，把火力调整到 1 刻度，直至温度上升至 165 ℃，就可以"下豆"，让咖啡豆进仓。

在这之前，先清理"银皮"，"银皮"是咖啡生豆烘焙时，在温度上升过程中，逐渐剥落脱离咖啡豆从而产生的咖啡豆皮。事先将 300 g 的豆子倒入"续豆仓"，进行储存。

打开时间按钮和控制仓

待锅炉温度上升至 165 ℃时，同时打开时间按钮和控制仓开关，咖啡豆就直接进入豆仓中。咖啡豆进仓后，锅炉的温度就会急速下降，但经过一段时间后就会出现一个回温点，即在这个温度会有一定的停留，并以此为基点不断往上提升。

记录回温点、时间、火力和调整风门刻度

在回温点时，需要记录以下几个数值：回温点、时间、火力、调整风门的刻度。此时，将风门从 0 刻度调整到 2.5 刻度。

这时，可以从侧面的抽拉杆中将杆子拔出，杆子中会装有些许咖啡豆颗粒，以便随时观察咖啡豆的烘焙情况。在侧面的玻璃孔洞中，也可以看到仓内的咖啡豆在不断翻滚，这款烘焙机采用的是滚筒式烘焙（Drum Roasting）。滚筒式烘焙是指咖啡豆在旋转的滚筒中实现烘焙。每过 30 s 需要记录锅炉的温度、风门的温度、时间和风门的刻度。

锅炉温度达到 120 ℃时，把火力调整到 5 刻度，并做好记录

当锅炉温度达到 120 ℃时，把火力加大到 5 刻度，这样就会加快咖啡豆的脱水。

锅炉温度达到 145 ℃时，把风门调整到 3 刻度，并做好记录

每做一个调整，都需要在"烘焙曲线表"上，做好相应的记录。

锅炉温度达到 150 ℃时，观察咖啡豆的情况

当锅炉温度达到 150 ℃时，可以通过抽拉杆，观察锅炉内的咖啡豆的烘焙情况；也可以将拉杆取出，闻一下咖啡豆，从而确定咖啡豆的烘焙情况。

锅炉温度达到 155 ℃时，将火力调整到 2 刻度

当锅炉温度达到 155 ℃时，将火力调整到 2 刻度，并且可以通过左侧的小玻璃窗，实时观察仓内咖啡豆的颜色，判断其烘焙情况；也可以通过抽拉杆中咖啡豆的颜色进行观察，此时，抽拉杆中咖啡豆的颜色已经由青草色转变为花生果仁的颜色，并且通过鼻子去闻，可以闻到比较明显的熟果仁的气息。

当锅炉温度达到 170 ℃时，将风门调整到 5 刻度，将火力调整到 3 刻度

当锅炉温度达到 170 ℃时，将风门从 3 刻度调整到 5 刻度，并将火力提升到 3 刻度。可以通过抽拉杆观察咖啡豆，此时咖啡生豆的颜色已经变成较深的褐色。

当锅炉温度达到 180 ℃时，将火力调整到 4 刻度

当锅炉温度达到 180 ℃时，将火力调整到 4 刻度，加大火力。当锅炉温度达到 190 ℃时，可以听到锅炉内开始传出细微的爆裂声，这说明咖啡豆开始进入"一爆初期"。需要控制 ROR（升温速率），所以温度每上升 5 ℃就将火力降低 1 个刻度。此时，咖啡豆体内的水分正在分离，而咖啡豆的结构也正在被破坏。在烘焙的过程中，咖啡豆至少要产生 800 个细微的化学变化。随着时间推移，烘豆仓中的爆裂声越来越密集。

当锅炉温度达到 204 ℃时，咖啡豆准备出锅

当锅炉温度达到 204 ℃时，咖啡豆准备出锅。此时，用右手关闭"时间开关"；用左手将"出豆仓开关"推上，从而使咖啡豆倒入"出豆仓"中，同时旋转"出豆仓"，让咖啡豆迅速散热。再将吸风器打开，帮助咖啡豆散热。这样就可以让豆子在出仓的一瞬间进行"降温冷却"，防止温度过高产生"焦裂"的现象。这时咖啡豆的颜色已经变成深巧克力色，并伴随着浓郁的特有醇香。当咖啡豆出锅后，需要立马关掉火力，然后关掉燃气。

称量咖啡豆

将烘焙好的咖啡豆放在电子秤上称量，这时咖啡豆的重量变为 255 g，其中约 45 g 的水分被蒸发掉，这款豆子的脱水率约为 15%。接下来，再进行"筛皮"，将残留的"银皮"尽量筛除。

装豆

将豆子静置一段时间后，进行包装或密封冷藏。当咖啡豆烘焙好之后，需要对咖啡豆进行"养豆"，"养豆"的时间为 5—7 d，一般而言，咖啡豆烘焙好之后 7—10 d 的口感是最好的。如果烘焙好的咖啡豆在 10 d 之内不用的话，就应该用密封玻璃瓶装起来冷藏。意式咖啡豆出品图，如图 5-4-2 所示。

图 5-4-2　意式咖啡豆出品图

手冲咖啡豆烘焙

【材料器具准备】

手冲咖啡豆烘焙材料与器具，如图 5-4-3 所示。

扫一扫，获得手冲咖啡豆烘焙视频

（a）日晒埃塞俄比亚咖啡生豆　　（b）电子秤　　　　（c）烘豆机

图 5-4-3　手冲咖啡豆烘焙材料与器具

以日晒埃塞俄比亚咖啡豆为例，取 300 g 生豆作为烘焙样品，600 g 是烘焙机的最高入豆量。

打开火力

火力打开后，将烘焙机的燃气点燃，把火力调整到 3 刻度，对烘焙机进行预热，大约预热 20 min，待温度升到 200 ℃，将火力关闭。等待仓内温度降到 150 ℃左右，再次将火力打开，把火力调整到 1.5 刻度，直至温度上升至 185 ℃，就可以"下豆"，让咖啡豆进仓。

在这之前，先清理"银皮"，"银皮"是咖啡生豆烘焙时，在温度上升过程中，逐渐剥落脱离咖啡豆从而产生的咖啡豆皮。我们事先将 300 g 的咖啡豆倒入"续豆仓"，进行储存。

打开时间按钮和控制仓

待锅炉温度上升至 185 ℃时，同时打开时间按钮和控制仓开关，咖啡豆就直接进入豆仓中。咖啡豆进仓后，锅炉的温度就会急速下降，但经过一段时间后就会出现一个回温点，即在这个温度会有一定的停留，并以此为基点不断往上提升。

记录回温点、时间、火力和调整风门刻度

在回温点时，需要记录以下几个数值：回温点、时间、火力、调整风门的刻度。此时，将风门从 0 刻度调整到 2 刻度。

这时，可以从侧面的抽拉杆中将杆子拔出，杆子中会装有些许咖啡豆颗粒，以便随时观察咖啡豆的烘焙情况。在侧面的玻璃孔洞中，也可以看到仓内的咖

啡豆在不断翻滚，这款烘焙机采用的是滚筒式烘焙（Drum Roasting）。滚筒式烘焙是指咖啡豆在旋转的滚筒中实现烘焙。每过 30 s 需要记录锅炉的温度、风门的温度、时间和风门的刻度。

锅炉温度达到 120 ℃时，把火力调整到 3.5 刻度，并做好记录

当锅炉温度达到 120 ℃时，把火力调整到 3.5 刻度，这样就会加快咖啡豆的脱水。

锅炉温度达到 145 ℃时，把风门调整到 4 刻度，并做好记录

每做一个调整，都需要在"烘焙曲线表"上，做好相应的记录。

锅炉温度达到 150 ℃时，观察咖啡豆的情况

当锅炉温度达到 150 ℃时，可以通过抽拉杆，观察锅炉内的咖啡豆的烘焙情况；也可以将拉杆取出，闻一下咖啡豆，从而确定咖啡豆的烘焙情况。

锅炉温度达到 155 ℃时，将火力调整到 2 刻度

当锅炉温度达到 155 ℃时，将火力调整到 2 刻度，并且可以通过左侧的小玻璃窗，实时观察仓内咖啡豆的颜色，判断其烘焙情况；也可以通过抽拉杆中咖啡豆的颜色进行观察，此时，抽拉杆中咖啡豆的颜色已经由青草色转变为花生果仁的颜色，并且通过鼻子去闻，可以闻到比较明显的熟果仁的气息。

当锅炉温度达到 170 ℃时，将风门调整到 5 刻度，将火力调整到 2.5 刻度

当锅炉温度达到 170 ℃时，将风门从 4 刻度调整到 5 刻度，并将火力调整到 2.5 刻度。可以通过抽拉杆观察咖啡豆，此时咖啡生豆的颜色已经变成较深的褐色。

当锅炉温度达到 190 ℃时，将火力降低到 2 刻度

当锅炉温度达到 190 ℃时，将火力降低到 2 刻度。这时，可以听到锅炉内开始传出细微的爆裂声，这说明咖啡豆开始进入"一爆初期"。需要控制 ROR（升温速率），所以每隔 30 s 将火力降低 1 个刻度。

当锅炉温度达到 198 ℃时，咖啡豆准备出锅

当锅炉温度达到 198 ℃时，咖啡豆准备出锅。此时，用右手关闭"时间开关"；用左手将"出豆仓开关"推上，从而使咖啡豆倒入"出豆仓"中，同时旋转"出豆仓"，让咖啡豆迅速散热。再将吸风器打开，帮助咖啡豆散热。这样就可以让豆子在出仓的一瞬间进行"降温冷却"，防止温度过高产生"焦裂"的现象。这时咖啡豆的颜色已经变成浅巧克力色，并伴随着浓郁的特有醇香。当咖啡豆出锅后，需要立马关掉火力，然后关掉燃气。

称量咖啡豆

将烘焙好的咖啡豆放在电子秤上称量，这时咖啡豆的重量变为 267 g，其中约 33 g 的水分被蒸发掉，这款豆子的脱水率约为 11%。接下来，再进行"筛皮"，将残留的"银皮"尽量筛除。

装豆

将豆子静置一段时间后，进行包装或密封冷藏。当咖啡豆烘焙好之后，需要对咖啡豆进行"养豆"，"养豆"的时间为5—7 d，一般而言，咖啡豆烘焙好之后7—10 d 的口感是最好的。如果烘焙好的咖啡豆在 10 d 之内不用的话，就应该用密封玻璃瓶装起来冷藏。手冲咖啡豆出品图，如图 5-4-4 所示。

图 5-4-4　手冲咖啡豆出品图

编制烘焙记录表

烘焙记录表的重要性就如同医生每次应诊时必须详细记载的病历一样，如果烘焙师勤于记录每一炉的烘焙数据与杯测结果，几年累积下来，就成了烘焙数据宝库。各产地咖啡的软硬度、含水量、温度与湿度对烘焙的影响，各庄园咖啡豆的特色等，都可从记录表中归纳整理出来。烘焙记录表就好比医生为病患记录的病历，每一炉都在写历史、记经验，这是烘焙师最重要的"资产"。要

做一名称职的烘焙师，编制烘焙记录表是每日必做的功课。

烘焙记录表中的必备元素如下：

（1）烘焙日期、第几炉：日期与第几炉的编号，方便存盘与日后追踪。

（2）气温、湿度、雨天、晴天、阴天、大气压：可了解阴晴、干湿、冷热和大气压力对烘焙的影响。海拔 1000 m 的高地，气压低，影响火候至巨，宜小火慢烘。

（3）烘焙品项、综合、单品：方便归类各烘焙品项的曲线。

（4）咖啡豆产地、农庄、含水量、硬度：如果缺少相关测量仪器，可请供豆商提供数据，有助于掌握烘焙火候大小，减少失败概率。基本上，海拔越高的生豆，密度越高，密度检测结果在 800 g/L 以上硬度算高了，不足 800 g/L 算软豆。

（5）烘焙程度、浅焙、中深焙、深焙：方便归类，定制各产地、各农庄最适合的烘焙程度。通过近红外线侦测咖啡烘焙度的艾格壮数值越大代表烘焙度越浅，数值越小代表烘焙度越深。

（6）入豆温度、入豆重量、出豆重量、失重比：失重比很重要，关系到成本。失重比亦可作为烘焙度的重要参考。失重比＝〔（入豆重量 − 出豆重量）／入豆重〕×100%。原则上浅焙豆失重比介于 10%—13% 之间；浅中焙（即一爆结束 40 s 左右）失重比为 14%—15%；中焙（一爆结束 100 s 左右，接近二爆）失重的为 15%—16%；中深焙（二爆初至密集爆）失重比为 16%—18%；深焙（二爆密集爆之后）失重比为 18%—20%；重深焙（二爆平息后）失重比达 21%—23%。失重比与烘焙速度有关，速度越快失重越低，即快烘失重比低于慢烘失重比。

（7）回温点：入豆后 1—3 min 炉温开始回升，中火入豆约 1 min 回温，小火入豆约 2—3 min 回温。掌握回温点有助于控制火候。

（8）一爆、时间、温度：火候控制得当，同产地含水量相同的咖啡，一爆时间点与温度均落在同一区间。如果一爆时间与温度每炉差距过大，表示火候控制有问题，应更改烘焙节奏和配方。

（9）二爆、时间、温度：同上，一爆与二爆的时间点与温度要切实记录，会因产地、咖啡含水量与密度而有差异。

（10）每分钟温差：紧钉炉温每分钟的差距，有助于精确掌握烘焙进程，提早发现炉温异常，及早补火或降火。此记录很重要也很费时，可养成每分每秒紧钉烘焙的好习惯。

（11）出豆温度、豆相：掌握各产地咖啡最佳出炉温度与最佳烘焙度，是烘焙师重要的"资产"。出豆色泽是否均一，焦黑点多不多，豆体是否均一膨胀，是判断烘焙好坏的重要参考依据。

（12）火力安排：烘焙前先写下火力或燃气流量大小的安排程序，事先温习一遍有助于操炉。

（13）风门安排：脱水期、催火期和爆裂期，风门如何调整，先写出程序，以方便操炉。

（14）杯测检讨：烘焙后务必把杯测结果补上，这才算有头有尾。咖啡出炉冷却后，当天即可进行杯测，无须矫枉过正地先养豆两天再进行杯测，因为这很容易打乱杯测流程。其实，咖啡的优缺点在冷却后即可通过杯测检验出来，当天杯测觉得不错，养豆两天再喝未必更好或更坏，所以先养豆再杯测，无异于多此一举。

—— 知识链接 ——

养 豆

不知道你有没有注意到，把烘好的新鲜咖啡豆放入密封罐之后，隔天打开时盖子会"砰"一声弹开，似乎有压力把盖子推出来。那就是烘焙豆子时的另一种产物——二氧化碳，烘焙 1 kg 的咖啡豆会产生 12 L 的二氧化碳，而烘焙结束后咖啡豆还是会继续排放二氧化碳，这正是密封罐内的压力来源，这个排放过程会持续 5—7 d，而在排放二氧化碳的同时咖啡豆的风味也在发展，当咖啡豆的二氧化碳排放得差不多时，风味正好成熟到适合品尝的阶段。

所以，不要急着喝刚刚烘焙完成的咖啡豆，这时候的咖啡会因为发展不成熟而无法展现该有的特色，应该把咖啡豆在适当的环境下保存 5—7 d 再来品尝，这样才能享受到咖啡完整的风味，这个过程称为"养豆"。事实上在我的经验中，许多咖啡豆的养豆期都要将近一星期，甚至 10 d 以上，在这之前的味道都有可能不够完整。

—— 反思与评价 ——

1. 意式咖啡豆的烘焙过程要经历哪些阶段？
2. 咖啡豆出锅后，还要进行哪些操作？

—— 课后实践 ——

活动主题：绘制烘焙记录表。

在手冲咖啡豆烘焙过程中，记录相关数据，根据烘焙记录表必备元素，绘制一张烘焙记录表。

任务5 烘焙度分辨与风味检测

—— 本课导入 ——

　　地道重焙豆喝来润喉甘甜，犹如男低音浑厚低沉的嗓音；优质浅焙豆喝来酸香上扬，直扑鼻腔，犹如女高音刁钻多变的音域，让人捉摸不定。重焙与浅焙的甘甜与香气，明显不同：重焙低沉厚实，回甘重于扑鼻的甜香，主要由舌根或喉头感受；而浅焙轻盈明亮，上扬甜香重于低沉的回甘，甜香与酸香主要呈现在舌尖、舌部两侧与鼻腔。优质的重焙和浅焙咖啡，给人不同的愉悦享受。

　　不同烘焙度的咖啡带给人不同的享受，本任务将学习如何分辨烘焙度和检测烘焙后咖啡豆的风味。

—— 学习新知 ——

烘焙度分辨

烘焙发展区

　　咖啡未烘焙前，是以生豆的样貌呈现，几乎没有什么风味可言。烘焙师借由烘焙的方式，让生豆产生物理及化学反应转变成熟豆，并释放出不同的风味。而烘焙的过程通常会经过3个阶段：脱水期、转黄期和风味发展期。

　　（1）脱水期。

　　咖啡豆由绿转黄，能闻到淡淡的青草味。

　　入豆初期，炉内温度会因生豆吸热先下降，到回温点再上升。生豆的含水量为7%—11%，随着温度升高，自由水的部分会逐渐变成水蒸气，原本坚硬的咖啡豆开始软化、体积膨胀，叶绿素流失导致颜色由绿转黄。

（2）转黄期。

豆色越来越深，散发烤面包的香味或焦糖香。

咖啡豆转黄后可以加大火力，让它积蓄热能，发生形成风味的化学反应以及焦糖化反应。在加热过程中，咖啡豆的糖类及氨基酸会交互产生复杂的化学变化，生成上百种芳香化合物，这个过程称作"梅纳反应"，会影响咖啡的香气与口感，咖啡豆也因类黑素转成淡褐色。"焦糖化反应"则使糖类在一爆前后脱水成褐色焦糖，产生芳香化合物，咖啡的甜与苦味来源于此；也便豆色变得更深，并让原本没有味道的咖啡豆飘出融合焦糖、可可、奶油等香味的浓郁香气。

（3）风味发展期。

听到清脆响亮的爆裂声（一爆），浅中焙的下豆时机到了。

焦糖化与梅纳反应使咖啡豆内部生成大量水蒸气跟二氧化碳，使咖啡豆体积膨胀、压力增加，当细胞壁无法承受压力时便会爆裂——咖啡豆的中线裂开，咖啡豆表面的外银皮及中缝的内银皮脱落，发出类似折断树枝或是爆米花的声音。此时咖啡豆从吸热状态转成放热状态，使炉温快速升高，因此应及时降低火力，避免豆子烘焙过度，想要呈现果酸风味应于一爆结束前抓紧时机下豆。

爆裂声较闷而细小（二爆），中深焙的下豆时机到了。

一爆结束后会有一到两分钟的休止期，咖啡豆从放热状态变成吸热状态，咖啡豆内部在高温中继续膨胀，直到细胞壁无法承受高温高压，就会产生声音较小的二爆。二爆声响起，就表示咖啡豆进入深焙的范围了，各种意式深焙、法式深焙、维也纳深焙，无非就是在碳化的边缘疯狂试探。二爆时咖啡豆再度转为放热状态，因碳化作用加上油脂浮出表面，更加乌黑油亮。

外观

（1）咖啡豆的重量、体积。

从上面的讨论中我们归纳出：烘焙时间越长，水分散失越多，转化的水蒸气与二氧化碳气体也会越多；而气体越多，咖啡豆内部的压力也会越大，细胞壁的膨胀效果也会越明显。如果今天有两颗同重量、同品种、同批次但大小不一的咖啡豆,我们可以很合理地推论:体积小、密度大的咖啡豆是浅焙;体积大、密度小的咖啡豆则是深焙。但需要特别注意的是:不同品种批次的咖啡豆,体积大小与密度不一定成比例。因为不同批次咖啡豆的含水量和处理法是不同的,所以比较起来我们就缺乏统一的参考数据。

（2）咖啡豆的颜色。

从咖啡豆的颜色、外观能判断深浅,但是没有办法作为量化的依据。也许这个烘焙师的浅焙是我的中浅焙,而你烘的深焙其实是我的中深焙。为了解决这个问题,美国精品咖啡协会（SCAA）与美国食品科技先锋艾格壮公司,于1996年制订了一套放诸四海皆准的烘焙度数据,也就是著名的艾格壮（Agtron）测试。量测原理是以分析仪所发射的红外线照射烘焙好的咖啡豆,反射后回传并归纳出深浅焙的数值。烘焙度越深,数值就越小。反之,烘焙度越浅则表示碳化越低,豆表面越不黑反射的光线就越强,测得的数值就越大。换句话说,焦糖化数值（Agtron Number）与烘焙度成反比:数值越大代表烘焙度越浅,数值越小表示烘焙度越深。

咖啡豆烘焙度检测

【材料器具准备】

需要特别注意的是:在做艾格壮测试时,我们会用磨开的咖啡粉以及咖啡整豆做两次测量。因为烘焙时热能会先传递到咖啡豆表,再由豆表慢慢地传递到豆芯,换句话说,从外观上看一个咖啡豆可能已经烘熟了,但实际上豆芯内部是没有烘熟的,而这也会造成量测出来的数值有落差,因此将咖啡磨粉,才能避免豆表数值上的偏差,并精确测量整体的数值。

扫一扫,获得咖啡豆烘焙度检测视频

咖啡豆烘焙度检测

【材料器具准备】

咖啡豆烘焙度检测所需材料与器具，如图 5-5-1 所示。

（a）烘焙仪　　　　　　　（b）咖啡豆　　　　　　　（c）磨豆机

图 5-5-1　咖啡豆烘焙度检测所需材料与器具

冲煮表现

在冲煮的过程中，我们自然也是有办法区分浅焙、深焙咖啡的，但是就像上述所说，传统的标准，很难简单地套用在新颖的事物上。如果能够排除掉特殊法处理的咖啡豆，仅剩下传统的日晒水洗法处理的咖啡豆，那么以下的方法依然普遍适用。

（1）咖啡粉层的高度比较。

深焙咖啡烘焙时间长，水蒸气和二氧化碳把细胞壁孔隙撑开的面积较大；深焙咖啡豆因为孔隙面积较大，萃取的表面积也会增加。同样，在萃取咖啡时，水蒸气和二氧化碳也会从咖啡内部释放出来，并推高咖啡的粉层（这也是在冲煮咖啡前我们都会先做闷蒸的原因之一）。说到这里，聪明的你应该都已经想到了吧：浅焙的闷蒸粉层高度会比较低，深焙的闷蒸粉层高度会比较高。

（2）咖啡的浓度（TDS）比较。

TDS（Total Dissolved Solids）顾名思义为"总溶解固体量"，意思是在一杯咖啡中，萃取出来的咖啡物质占总液体的比例，也就是咖啡的"浓度"。TDS 越高，表示咖啡萃取出来的物质越多；TDS 越少，表示咖啡萃取出来的物质越少。咖啡浓度检测仪，如图 5-5-2 所示。

在相同的水温、研磨度、水粉比的情形下，深焙的 TDS 会比较高。如同前面所讲，深焙的咖啡豆细胞孔隙大，萃取表面积较大，相对较容易产生萃取。但是 TDS 高，并不代表这杯咖啡就一定好喝。

图 5-5-2　咖啡浓度检测仪

风味检测

杯测操作原理

杯测的基本应用是鉴定生豆与熟豆的品质。所谓品质就是稳定性，也就是同一批咖啡豆的每一杯样品口感都要相近，在舌头上酸、甜、苦的分布位置均要一致。通过啜吸将咖啡液均匀地分布在舌面上，先分辨出酸、甜、苦在舌头上所分布的位置，再确认下一杯样品的酸、甜、苦是否分布在相同的位置上，然后再进行一定的校正。而我们所做的杯测就是用来鉴评这款刚烘焙好的咖啡豆的品质。

杯测准备

杯测时需要使用到的工具有：杯测碗（见图5-5-3）、咖啡豆、电子秤（见图5-5-4）、杯测表格（可借鉴SCAA杯测表格，见图5-5-5）、计时器、杯测汤匙、清洗汤匙的杯子、热开水（杯测时间为 4 min）。

图 5-5-3　杯测碗

图 5-5-4　电子秤

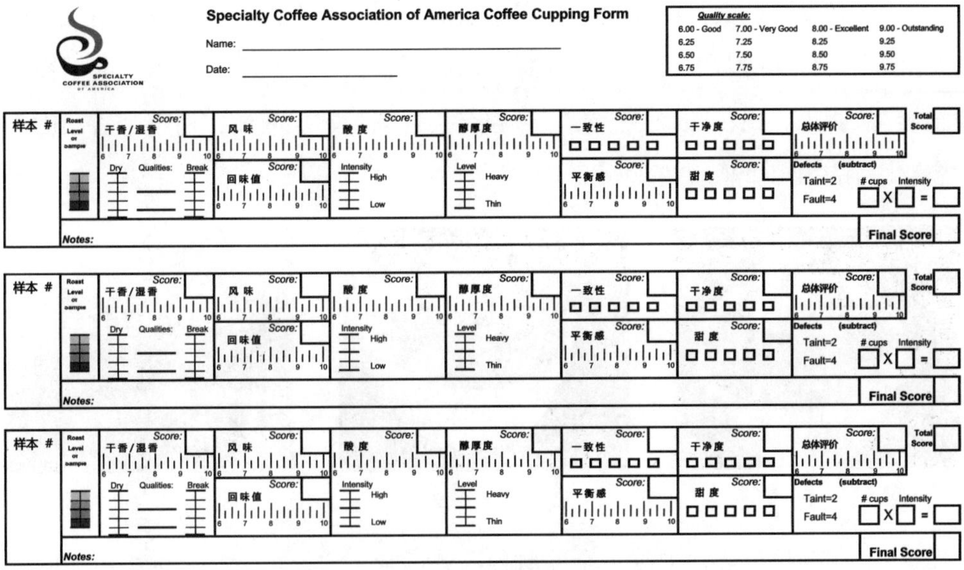

SPECIALTY COFFEE ASSOCIATION OF AMERICA

Specialty Coffee Association of America Coffee Cupping Form

Name: ______

Date: ______

Quality scale:

6.00 - Good	7.00 - Very Good	8.00 - Excellent	9.00 - Outstanding
6.25	7.25	8.25	9.25
6.50	7.50	8.50	9.50
6.75	7.75	8.75	9.75

样本 #　Roast Level of sample

干香/湿香 Score: 6 7 8 9 10　Dry　Qualities:　Break

风味 Score: 6 7 8 9 10

回味值 Score: 6 7 8 9 10

酸度 Score: 6 7 8 9 10　Intensity　High　Low

醇厚度 Score: 6 7 8 9 10　Level　Heavy　Thin

一致性 Score:

平衡感 Score: 6 7 8 9 10

干净度 Score:

甜度 Score:

总体评价 Score: 6 7 8 9 10

Defects (subtract)　Taint=2　Fault=4　# cups　X　Intensity　=

Total Score

Notes:

Final Score

样本 #　Roast Level of sample

干香/湿香 Score: 6 7 8 9 10　Dry　Qualities:　Break

风味 Score: 6 7 8 9 10

回味值 Score: 6 7 8 9 10

酸度 Score: 6 7 8 9 10　Intensity　High　Low

醇厚度 Score: 6 7 8 9 10　Level　Heavy　Thin

一致性 Score:

平衡感 Score: 6 7 8 9 10

干净度 Score:

甜度 Score:

总体评价 Score: 6 7 8 9 10

Defects (subtract)　Taint=2　Fault=4　# cups　X　Intensity　=

Total Score

Notes:

Final Score

样本 #　Roast Level of sample

干香/湿香 Score: 6 7 8 9 10　Dry　Qualities:　Break

风味 Score: 6 7 8 9 10

回味值 Score: 6 7 8 9 10

酸度 Score: 6 7 8 9 10　Intensity　High　Low

醇厚度 Score: 6 7 8 9 10　Level　Heavy　Thin

一致性 Score:

平衡感 Score: 6 7 8 9 10

干净度 Score:

甜度 Score:

总体评价 Score: 6 7 8 9 10

Defects (subtract)　Taint=2　Fault=4　# cups　X　Intensity　=

Total Score

Notes:

Final Score

图 5-5-5　杯测表格

杯测操作过程

（1）将咖啡研磨后放置于杯测碗中。

（2）拿起杯子转动或拍打，闻“干香气”，如图 5-5-6 所示。

（3）接着倒入沸腾的热开水，静置 4 min；在时间结束前，将鼻子贴近液体表面，闻“湿香气”，如图 5-5-7 所示。

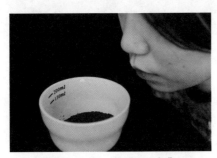

图 5-5-6　闻“干香气”

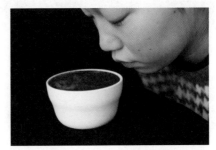

图 5-5-7　闻“湿香气”

（4）4 min 结束时，用汤匙拨开上层咖啡粉，拨开瞬间将鼻子贴近液体表面，闻破渣时的香气，如图 5-5-8 所示。

（5）接着将液体表面的浮渣捞干净，用手触摸杯子的温度，不烫手时即可进行杯测，如图 5-5-9 所示。

（6）杯测时，姿势端正直立，肩膀放松，啜吸时不得耸肩，并利用肚子的丹田吸气。杯测时，将汤匙自然放置于两唇间；在嘴唇与汤匙呈一细缝后由慢而快自然吸入，由浅入深往上颚与鼻腔交接处啜吸雾化液体，用整个舌面去感受雾化后的咖啡口感，如图5-5-10所示。

图5-5-8 破渣

图5-5-9 去渣

图5-5-10 啜吸

（7）在咖啡温热、中温及全凉时各评分记录1次，记录杯测前、中、后段的层次变化，除了正向表列的计分项目之外，也注记负面缺点，注意各杯有无一致性或突异。

（8）将评分表输入QRS烘焙研究系统，传出杯测风味图，输出烘焙履历报表，搭配烘焙过程记录进行烘焙诊断，制订品管改善计划。

☕
—— 知识链接 ——

杯测基本语言与评鉴项目

干香气：Fragrance 　　湿香气：Aroma 　　甜度：Sweetness
酸度：Acidity 　　风味：Flavor 　　醇厚度：Body
后韵：After taste

杯测应用

（1）冲煮、校正方针。

（2）生豆品质评鉴。

（3）咖啡沟通语言。

（4）烘焙问题检测。

（5）Espresso 配方。

—— 反思与评价 ——

1. 烘焙度可以通过哪些仪器去测量?

2. 概括杯测的步骤。

—— 课后实践 ——

活动主题：测量咖啡烘焙度。

通过烘焙度检测仪，对不同烘焙度的咖啡豆及咖啡粉进行检测，并做好记录。

扫一扫，获得项目五题目和答案

项目六　饮品与菜单

任务1：意式咖啡饮品制作（10款）

任务2：花式咖啡饮品制作（10款）

任务1 意式咖啡饮品制作（10 款）

生活好似咖啡，苦涩且充满了回味！如何品尝它，也像极了你如何去生活，看你能尝出哪种风味。

意式浓缩咖啡 Espresso，醇厚甘甜，作为咖啡饮品的基底而言可谓是"百搭"的存在。随着咖啡时尚的发展，通常人手一杯咖啡，但更常见的是以拿铁、澳白、卡布奇诺、摩卡等为主的调试过的咖啡，或许人们在忙中抽闲时也曾想过亲自制作一杯咖啡饮品。今天我们来好好学习一下如何制作一杯咖啡饮品。

请同学们以小组为单位，通过品尝、小组讨论、参观等方式，总结如何制作一杯咖啡饮品。

什么是意式咖啡饮品

Espresso 是意大利咖啡的精髓。

Espresso 在意大利语中有"特别快"的意思，其做法起源于意大利，特点是利用蒸汽压力瞬间将咖啡浓缩液挤压出来。通常 Espresso 可以直接饮用，也叫意式浓缩咖啡。如图 6-1-1 所示。

意式咖啡是一个统称，包含意式浓缩

图 6-1-1　意式浓缩咖啡

咖啡以及其他带有意式浓缩咖啡且加入了其他成分的咖啡，比如拿铁、卡布奇诺、摩卡、澳白等。

所有的牛奶咖啡或花式咖啡都是以 Espresso 为基底制作出来的，Espresso 是检验一杯咖啡品质好坏的关键。

一杯意式咖啡包含三大要素：浓缩咖啡、牛奶、空气。浓缩咖啡为基底，打奶时空气进入牛奶中形成绵密的奶泡，融合制作让它的口感更加美味。也可加奶球、牛奶、水、糖、冰块、碎冰、可可粉、焦糖、坚果、蜂蜜、肉桂、糖霜、冰激凌等。

认识基础工具后，开始实操

本任务所需基础工具，如图 6-1-2—图 6-1-9 所示。

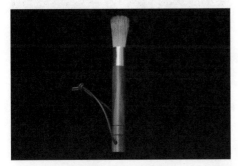

图 6-1-2　粉刷

图 6-1-3　接粉器

图 6-1-4　浓缩杯

图 6-1-5　电子秤

图 6-1-6　奶钢杯

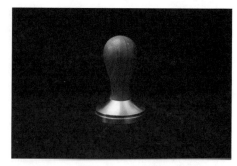

图 6-1-7　粉锤

图 6-1-8　布粉器

图 6-1-9　粉碗手柄

萃取一杯 30 mL 浓缩咖啡

萃取一杯 30 mL 醇厚芳香的意式浓缩咖啡。

所需材料：

（1）精品咖啡豆。

（2）100 mL 以下的马克杯。

（3）盎司杯。

具体操作步骤，如图 6-1-10—图 6-1-14 所示。

图 6-1-10　将磨好的 18 g 咖啡粉
　　　　　接入粉碗中

图 6-1-11　用布粉器铺平

图 6-1-12 以适当的力度用粉锤填压
平整萃取

图 6-1-13 接取在 20—25 s 内
萃取的 30 mL 浓缩咖啡

图 6-1-14 成品

提示：参照演示操作流程，请同学们在萃取时根据实际情况调整参数。

萃取一杯芮斯崔朵

芮斯崔朵与浓缩咖啡不同，我们只萃取前段，口感比 Espresso 更加浓郁醇厚，余韵甜感更强烈。

所需材料：

（1）精品咖啡豆。

（2）100 mL 以下的马克杯。

具体操作步骤，前三步如图 6-1-10—图 6-1-12 所示，后两步如图 6-1-15—图 6-1-16 所示。

提示：参照演示操作流程，请同学们在萃取时根据实际情况调整参数。

图 6-1-15　接取在 18 s 时萃取的 22—
　　　　　25 mL 浓缩咖啡

图 6-1-16　成品

萃取一杯美式咖啡

美式咖啡是水与浓缩咖啡结合所诞生的芳香饮品，起源于"二战"时的欧洲。

所需材料：

（1）精品咖啡豆。

（2）300 mL 的马克杯。

（3）热水 180 mL，冷水 20 mL。

具体操作步骤，前三步如图6-1-10—图6-1-12所示，后两步如图6-1-17—图 6-1-18 所示。

图 6-1-17　接取在 18 s 时
萃取的 22—25 mL 的浓缩咖啡

图 6-1-18　在 300 mL 马克杯中放入 180 mL 热
水与 20 mL 冷水，沿杯壁倒入浓缩咖啡，即得成品

提示：此配方的美式咖啡更加醇厚浓郁，请根据杯量大小调整冷热水比例。

制作一杯短笛

短笛是比拿铁更浓郁的"咖啡味牛奶"，醇厚咖啡撞击牛奶的香甜会产生什么样的火花呢？

所需材料：

（1）精品咖啡豆。

（2）100 mL 的马克杯（容量为 90 mL）。

（3）牛奶。

具体操作步骤，前三步如图6-1-10—图6-1-12所示，后五步如图6-1-19—图 6-1-23 所示。

图 6-1-19　接取在 18 s 时萃取的
22—25 mL 浓缩咖啡

图 6-1-20　将 20 mL 浓缩咖啡倒入
100 mL 杯子中

图 6-1-21　将牛奶打发
（需有奶泡，厚度为 0.5 cm）

图 6-1-22　将打发的牛奶与浓缩咖啡
融合，拉花

图 6-1-23　成品

提示：打发牛奶的量为正常奶钢杯所需用量，即 60—70 mL。

制作一杯卡布奇诺

卡布奇诺的特点在于浓密奶泡入口带来的绵厚的满足感。

所需材料：

（1）精品咖啡豆。

（2）200 mL 的马克杯。

（3）盎司杯。

（4）牛奶。

具体操作步骤，前三步如图6-1-10—图6-1-12所示，后四步如图6-1-24—图 6-1-27 所示。

图 6-1-24　接取在 18 s 时萃取的
22—25 mL 的浓缩咖啡

图 6-1-25　将牛奶打发（需有奶泡，
厚度为 0.5 cm）

图 6-1-26　将打发的牛奶与
浓缩咖啡融合，拉花

图 6-1-27　成品

提示：奶泡需厚 0.5 cm，不粗糙，无大泡沫。

制作一杯澳白

澳白的特点是丝滑，顺着舌尖感受咖啡与牛奶结合后带来的快乐。

所需材料：

（1）精品咖啡豆。

（2）200 mL 的马克杯。

（3）牛奶。

具体操作步骤，前三步如图6-1-10—图6-1-12所示，后四步如图6-1-28—图 6-1-31 所示。

图 6-1-28　接取在 18 s 时
萃取的 22—25 mL 浓缩咖啡

图 6-1-29　将牛奶打发
（需有 0.3 cm 厚的奶泡）

图 6-1-30　将打发的牛奶与浓缩咖啡
融合，拉花

图 6-1-31　成品

提示：奶泡需厚 0.3 cm 且绵密。

制作一杯康宝兰

康宝兰，固体奶油如花朵般漂浮在浓缩咖啡上，品尝时可在口中放置一块太妃糖。

所需材料：

（1）精品咖啡豆。

（2）100 mL 的玻璃杯。

（3）甜口固体奶油。

具体操作步骤，前三步如图6-1-10—图6-1-12所示，后四步如图6-1-32—图6-1-35所示。

图 6-1-32　用 30 mL 浓缩咖啡作为基底

图 6-1-33　将浓缩液倒入 100 mL 杯中

图 6-1-34　将湿奶油倒入浓缩液上

图 6-1-35　成品

提示：奶油可购买瓶装液自己打发，打发时需加糖。

制作一杯玛琪雅朵

玛琪雅朵是香浓的浓缩咖啡加上绵密的奶泡。

所需材料：

（1）精品咖啡豆。

（2）100 mL 的马克杯。

（3）牛奶。

具体操作步骤，前三步如图6-1-10—图6-1-12所示，后四步如图6-1-36—图6-1-39所示。

图 6-1-36　用 30 mL 浓缩咖啡作为基底

图 6-1-37　将浓缩液倒入 100 mL 杯中

图 6-1-38　选取奶泡加入浓缩咖啡中，
　　　　　于中心点加入

图 6-1-39　成品

提示：奶泡无须多加，加至杯壁边缘即可。

制作一杯拿铁

在早期的欧洲拿铁被称为"贵妇咖啡"，早晨一杯牛奶咖啡是贵妇的标配。

所需材料：

（1）精品咖啡豆。

（2）300 mL 的马克杯。

（3）牛奶。

具体操作步骤，前三步如图 6-1-10—图 6-1-12 所示，后四步如图 6-1-40—图 6-1-43 所示。

图 6-1-40 用 30 mL 浓缩咖啡作为基底

图 6-1-41 奶泡厚薄程度控制在 1 cm 左右

图 6-1-42 将打发的牛奶与浓缩咖啡
融合，拉花

图 6-1-43 成品

提示：奶泡厚薄程度控制在 1 cm 左右。

制作一杯半拿铁

半拿铁与拿铁相似，由一份 Espresso 加入"牛奶与奶油的混合物"，上面也有奶泡。

所需材料：

（1）精品咖啡豆。

（2）300 mL 的马克杯。

（3）牛奶。

（4）奶油。

具体操作步骤，前三步如图 6-1-10—图 6-1-12 所示，后六步如图 6-1-44—图 6-1-49 所示。

图 6-1-44　用 30 mL 浓缩咖啡作为基底

图 6-1-45　加入牛奶 180 g

图 6-1-46　加入淡奶油 10—20 g

图 6-1-47　将牛奶与奶油混合物打发

图 6-1-48　与浓缩咖啡融合

图 6-1-49　成品

提示：加入奶油后的牛奶混合物在打发奶泡时，可加长进气时间，从而增加奶泡。

—— 反思与评价 ——

1. 什么是意式咖啡饮品？

2. 意式咖啡的种类有哪些？

3. 学习操作时的体会有哪些？

—— 课后实践 ——

　　活动主题：制作一杯意式咖啡饮品。

　　本任务知识链接中已详细介绍了如何制作基础的意式咖啡，请选择其中一款以小组合作形式制作，制作完成后讲述自己的制作体会并品尝这杯咖啡。

任务 2 花式咖啡饮品制作（10 款）

—— 本课导入 ——

如果意式咖啡是苦涩而充满了回味的，那么它的花式咖啡就像是生活中让你心情大好的点缀。

本任务围绕意式咖啡这个主题展开，除了咖啡，其他韵味浓厚的饮品还有什么呢？人们一直都是追求新鲜、有创意的东西，在咖啡研发中表现得也是相当明显呀，从一个以地名命名的摩卡咖啡到有着一段爱情故事的爱尔兰咖啡，每一款咖啡都有自己的特色，这些统称为"花式咖啡"。

请以小组为单位，通过品尝、小组讨论、参观等方式，总结如何制作一杯具有特色的花式咖啡。

—— 学习新知 ——

什么是花式咖啡

花式咖啡是指在饮品中加入了调味品，如巧克力、糖浆、奶油、酒、冰激凌、果汁等达到调味目的，以及改变咖啡的外观使它更加吸引人。其在口感上会有更多的甜感，也相对调整了牛奶与浓缩咖啡的比例，如图 6-2-1 所示。

在日常咖啡店中，花式咖啡没有太多的

图 6-2-1 花式咖啡

定义，不能算真正的意式咖啡，只能算是咖啡饮料。人们更容易接受它的口感。我们自己也可以调试一杯花式咖啡，并为它命名。

最常见的花式咖啡有海盐焦糖玛奇朵、摩卡奇诺，这 2 款都是加入了糖浆的咖啡，相对于意式浓缩咖啡，它的甜味更加浓郁，奶的味道更重，因此掩盖了浓缩咖啡的苦味，在市面上更加受欢迎。

重点：

（1）在意式浓缩咖啡中加入了调味品。

（2）调整了浓缩咖啡与牛奶的比例。

（3）降低了意式咖啡的苦味。

本任务所需基础工具

本任务所需基础工具，和任务 1 咖啡饮品制作（10 款）中的一样。

提示：同学们根据实有工具进行操作。

制作一杯焦糖玛奇朵拿铁

香甜的焦糖与咖啡融合，增加了这杯咖啡的芳香甜感。

所需材料：

（1）精品咖啡豆。

（2）300 mL 的马克杯。

（3）盎司杯。

（4）牛奶。

（5）固体瓶装奶油。

（6）焦糖风味糖浆。

（7）冰块。

具体操作步骤，如图 6-2-2—图 6-2-9 所示。

图 6-2-2　用 30 mL 浓缩咖啡作为基底

图 6-2-3　加入 20 g 的焦糖糖浆

图 6-2-4　加入适量冰块

图 6-2-5　加入牛奶至杯中 8 分满

图 6-2-6　加入萃取好的浓缩液

图 6-2-7　加入淡奶油 10—20 g

图 6-2-8　淋上焦糖酱

图 6-2-9　成品

提示：此款饮品的甜度可调整。

制作一杯摩卡奇诺

摩卡奇诺是起源于摩卡港的摩卡咖啡，巧克力特色风味更能体现它的独特。

所需材料：

（1）精品咖啡豆。

（2）300 mL 的马克杯。

（3）盎司杯。

（4）牛奶。

（5）巧克力酱。

（6）固体的瓶装奶油。

具体操作步骤，如图 6-2-10—图 6-2-16 所示。

图 6-2-10　在杯壁上涂上
巧克力酱，加入冰块

图 6-2-11　加入牛奶至杯子
8 分满

图 6-2-12　在浓缩液中加入 20 g
巧克力酱

图 6-2-13　固体奶油喷定

图 6-2-14 用巧克力酱装饰

图 6-2-15 撒上巧克力碎

图 6-2-16 成品

提示：15 g 的巧克力酱是提前加入浓缩咖啡中的，高温易融化。

制作一杯维也纳咖啡

维也纳咖啡是奥地利著名的咖啡，以浓浓的鲜奶油和巧克力甜美醇厚的风味吸引了大批咖啡爱好者。

所需材料：

（1）精品咖啡豆。

（2）100 mL 的马克杯。

（3）盎司杯。

（4）巧克力酱。

（5）湿奶油。

具体操作步骤，如图 6-2-17—图 6-2-23 所示。

图 6-2-17　将磨好的咖啡豆接入粉碗中

图 6-2-18　用布粉器铺平

图 6-2-19　以适当的力度用粉锤填压平整萃取

图 6-2-20　用 30 mL 浓缩咖啡作为基底

图 6-2-21　将浓缩液倒入 100 mL 杯中

图 6-2-22　将湿奶油 10 g 倒入浓缩液上

图 6-2-23　成品

提示：不需要搅拌。可根据自己喜好加入小装饰。

制作一杯爱尔兰咖啡

爱尔兰咖啡是一款含有酒精的咖啡，在冬天来上一杯真是热情似火。

所需材料：

（1）精品咖啡豆。

（2）100 mL 的玻璃杯。

（3）盎司杯。

（4）爱尔兰威士忌。

（5）鲜奶油。

（6）肉桂。

（7）白糖。

具体操作步骤，如图 6-2-24—图 6-2-29 所示。

图 6-2-24　将 5—10 g 爱尔兰威士忌加入杯中

图 6-2-25　加入 2 g 白砂糖搅拌

图 6-2-26　加入浓缩液

图 6-2-27　在液面加入鲜奶油提味

图 6-2-28　放入肉桂棒作为装饰　　　　图 6-2-29　成品

提示：原做法需把酒精加热，危险操作暂不示范。

制作一杯奥利奥 Dirty

奥利奥 Dirty 是当下最流行饮品 Dirty，是牛奶的精华与咖啡液的碰撞。

所需材料：

（1）精品咖啡豆。

（2）200 mL 的玻璃杯。

（3）盎司杯。

（4）奥利奥碎。

（5）巧克力糖浆。

（6）精炼奶（可用淡奶油与牛奶调配）。

（7）勺子。

（8）冰块。

扫一扫，获得制作奥利奥
Dirty 的视频

具体操作步骤，如图 6-2-30—图 6-2-36 所示。

图 6-2-30　将杯口一圈涂上巧克力　　　图 6-2-31　蘸取奥利奥碎沿着
　　　　　　糖浆　　　　　　　　　　　　　　　　杯口点缀一圈

图 6-2-32 加入适量冰块

图 6-2-33 牛奶加至 8 分满

图 6-2-34 加入 20 g 奶油

图 6-2-35 在浓缩咖啡中加入 15 g 巧克力
酱后倒入杯中

图 6-2-36 成品

提示：浓缩咖啡只可萃取前段风味，可根据自己喜好进行装饰。

制作一杯橘皮澳白

橘皮澳白清香系列是咖啡的天花板。

所需材料：

（1）精品咖啡豆。

（2）200 mL 的马克杯。

（3）盎司杯。

（4）橘子糖浆。

（5）橘子片。

（6）牛奶。

具体操作步骤，如图 6-2-37—图 6-2-42 所示。

图 6-2-37　加入冰块至满杯

图 6-2-38　加入橘皮糖浆 15 g

图 6-2-39　将牛奶倒入杯中至 8 分满

图 6-2-40　加入浓缩液

图 6-2-41　放入橘皮装饰

图 6-2-42　成品

提示：装饰物可根据自己喜好进行调整。

制作一杯大理石美式

此款饮品只可做冰饮，层次丰富，视觉冲击力强。

所需材料：

（1）精品咖啡豆。

（2）500 mL 的玻璃杯。

（3）盎司杯。

（4）水。

（5）冰块。

（6）淡奶油。

具体操作步骤，如图 6-2-43—图 6-2-47 所示。

图 6-2-43　加入冰块至杯子的一半（100 g）

图 6-2-44　加水 180 g

图 6-2-45　倒入 15 g 淡奶油

图 6-2-46　加入浓缩液

图 6-2-47　成品

提示：加入浓缩液时要慢慢地加入，这样渐变感会更加明显。

制作一杯蜂蜜肉桂拿铁

蜂蜜肉桂拿铁，甜蜜的蜂蜜加上肉桂的芳香，简直给冬天带来了温暖。

所需材料：

（1）精品咖啡豆。

（2）300 mL 的马克杯。

（3）盎司杯。

（4）蜂蜜。

（5）肉桂粉与肉桂棒。

（6）牛奶。

（7）淡奶油。

（8）银杏叶。

具体操作步骤，如图 6-2-48—图 6-2-53 所示。

图 6-2-48　加入冰块，倒入牛奶至杯中 8
分满

图 6-2-49　加入淡奶油 15 g

图 6-2-50　加入浓缩液
（浓缩液中加入蜂蜜 15 g）

图 6-2-51　放置肉桂棒提香

图 6-2-52 放入银杏叶装饰

图 6-2-53 成品

提示：肉桂不可放多，否则会让人感觉不适。

制作一杯黑糖卡布

黑糖卡布，黑糖的甜蜜加上卡布的奶油犹如液体棉花糖。

所需材料：

（1）精品咖啡豆。

（2）200 mL 的马克杯。

（3）盎司杯。

（4）黑糖糖浆。

（5）黑糖粉。

（6）牛奶。

（7）冰块。

具体操作步骤，如图 6-2-54—图 6-2-58 所示。

图 6-2-54 黑糖酱挂杯壁

图 6-2-55 加入适量冰块

图 6-2-56　牛奶加至 8 分满

图 6-2-57　在浓缩咖啡中加入
黑糖糖浆 15 g 后倒入杯中

图 6-2-58　液面撒上黑糖粉，完成出品

提示：黑糖也可以用火枪烤制，味道更佳。

制作一杯圣托里尼

圣托里尼，淡淡的奶油甜感入口丝滑绵密，仿佛置身于圣托里尼。

所需材料：

（1）精品咖啡豆。

（2）300 mL 的马克杯。

（3）盎司杯。

（4）炼乳。

（5）椰子片。

（6）牛奶。

具体操作步骤，如图 6-2-59—图 6-2-64 所示。

图 6-2-59 浓缩咖啡中加入炼乳 20 g

图 6-2-60 搅匀

图 6-2-61 牛奶加至 8 分满

图 6-2-62 倒入浓缩咖啡

图 6-2-63 撒上一层椰子片作为装饰

图 6-2-64 成品

提示：炼乳加入浓缩咖啡中后要搅拌均匀。椰子片适当地捣成小碎片，入口更佳。

—— 反思与评价 ——

1. 什么是花式咖啡？

2. 制作花式咖啡有哪几个要点?

3. 学完花式咖啡后是否对花式咖啡有了了解,能否独立制作一杯花式咖啡?

—— 课后实践 ——

活动主题:制作一杯花式咖啡。

在详细了解花式咖啡是什么以及制作过程后,自己根据所学的知识,从中选取自己认为最拿手的花式咖啡进行制作。制作过程中需要记录所用材料、所用材料克数、制作顺序等。制作完成后拍照记录。品尝后同学之间分享制作体会。

扫一扫,获得项目六题目和答案

参考文献

[1] 韩怀宗.世界咖啡学[M].北京：中信出版社，2016.

[2] 王琪岳，孙丽君.咖啡美学——零基础学奇趣拉花[M].南京：江苏凤凰科学技术出版社，2018.

[3] 张铉宇.轻松玩转咖啡拉花[M].郝曦光，译.北京：化学工业出版社，2016.

[4] 郑万春.咖啡的历史[M].哈尔滨：哈尔滨出版社，2017.

[5] 徐晨耀.跟着视频学做咖啡[M].北京：中国纺织出版社，2017.

[6] 石胁智广.你不懂咖啡[M].南京：江苏凤凰文艺出版社，2014.

[7] 齐鸣.咖啡　咖啡[M].南京：江苏科学技术出版社，2012.

[8] 吴俊峰.共享咖啡时光——咖啡文化与制作技艺[M].北京：电子工业出版社，2020.

[9] 王人杰.寻味咖啡[M].南京：江苏凤凰科学技术出版社，2021.